DE

L'UTILISATION DES EAUX D'ÉGOUT

EN ANGLETERRE

LONDRES ET PARIS

DE

L'UTILISATION DES EAUX D'ÉGOUT

EN ANGLETERRE

LONDRES ET PARIS

PAR

A. RONNA

INGÉNIEUR

(Extrait de la *Revue universelle des mines*, etc.)

PARIS ET LIÉGE,

NOBLET ET BAUDRY,

ÉDITEURS,

A Paris, rue des Saints-Pères, 15.

1866

LIÉGE. — IMPRIMERIE DE J. DESOER.

UTILISATION DES EAUX D'ÉGOUT

EN ANGLETERRE.

INTRODUCTION.

Il y a peu de questions qui aient aussi vivement préoccupé l'attention publique, en Angleterre, que celle de l'assainissement des villes par la suppression des réceptacles attenant aux habitations et par l'emploi des matières rejetées dans les égouts. A la moindre attaque de l'épidémie, ingénieurs, chimistes et médecins, sans avoir été appelés à donner leur avis sur les moyens préventifs ou préservatifs que commande la plus simple prudence, critiquent ou louent à l'envi les conditions actuelles de salubrité, des eaux, des galeries d'égout, des services de nettoiement, d'arrosage, des usines, etc. L'administration, saisie des plaintes, nomme des commissions; des enquêtes se font; des rapports sont publiés; la presse se mêle à la discussion. Bientôt l'épidémie disparaît avec ses victimes, les enquêtes tombent dans l'oubli; les rapports vont aux archives; les décisions, quand il y en a eu de prises, sont ajournées. Tel a été, jusqu'à cette année, le sort réservé aux travaux considérables confiés par la Chambre des communes, par le *Board of Health* et par l'Administration municipale, aux commissions chargées, depuis 1846, d'étudier les moyens d'utiliser les produits des égouts.

L'extension donnée à la canalisation des villes atteste les progrès réalisés, au prix des plus lourds sacrifices, pour l'assainissement local; mais on peut dire, qu'en définitive, elle n'a fait qu'augmenter les difficultés de l'assainissement général, en livrant aux fleuves des volumes plus considérables de liquides chargés de matières putrescibles qui vicient l'atmosphère et altèrent une des sources d'alimentation et de richesse les plus essentielles au bien-être des populations, de sorte que, voulant purifier d'un côté, on a corrompu de l'autre; que l'on s'est borné à déplacer le foyer d'infection, en empoisonnant les cours d'eau. Voilà pour la question hygiénique!

Au point de vue de l'agriculture, on a continué à perdre des masses énormes de substances fertilisantes qui manquent plus que jamais à la culture, telle qu'elle tend à se pratiquer partout. Aussi, est-on obligé de les remplacer à des conditions onéreuses, soit qu'on aille chercher des engrais naturels dans les contrées éloignées, soit qu'on les fabrique artificiellement sur place. A Londres, par exemple, la Tamise reçoit annuellement (nous choisissons exprès le chiffre le plus réduit) pour plus de 20 millions de francs d'engrais. A Paris, les liquides des bassins de Bondy (ne parlons pas des produits des égouts), que l'on écoule à la Seine, représentent à eux seuls la fumure nécessaire à une dizaine de mille hectares.

En ramenant le problème sur le double terrain de l'assainissement et de l'agriculture, on devait trouver la solution que Londres a finalement adoptée, que Paris cherche encore. En retraçant ici l'ensemble des faits que nous ont fait connaître les publications des enquêtes anglaises et nos visites dans les localités où des applications nouvelles se sont produites, nous n'avons d'autre but que de prémunir contre les errements passés et de hâter une décision sur des améliorations devenues inévitables.

I. — HISTORIQUE.

C'est, on se le rappellera, à la suite des ravages du choléra (1848-49) que fut reconstitué par acte du Parlement le « *General Board of Health* » dans le but de s'enquérir des conditions sanitaires du pays, de proposer et de faire exécuter toutes mesures intéressant l'hygiène générale et de diriger dans ce sens les travaux des Conseils de salubrité, organisés à la même époque sur divers point du royaume; l'enquête agissant avec le pouvoir discrétionnaire que donnent les sanctions du Parlement, se transporta partout où elle pouvait s'éclairer et, en 1850, le *Général Board* remettait aux Chambres le Rapport où sont contenus les principes sur lesquels se base la science sanitaire moderne.

En ce qui concerne plus spécialement la métropole, deux réformes devaient s'opérer immédiatement : la distribution à robinet libre des eaux potables dans toutes les habitations; la suppression des fosses d'aisance et, par suite, l'écoulement direct des vidanges à l'égout.

Jusque-là, la distribution d'eau à système intermittent, se bornait aux usages domestiques, puisque sur l'énorme quantité de 200,000 mètres cubes versés dans la consommation journalière, il y en avait à peine 22,000 mètres ou 11 pour 100 pour les services publics. L'eau puisée à la Tamise, dans la ville même, était livrée par les Compagnies, sans avoir été filtrée; quant aux vidanges, elles étaient recueillies dans des puisards et des fosses dépendant de chaque habitation ou de chaque groupe d'habitations. Dans quelques-unes de ces fosses les liquides s'écoulaient par des trop-pleins dans les égouts; mais dans la plupart, surtout quand le sous-sol était perméable, les liquides s'échappaient par infiltration, entraînant avec eux les matières en suspension. Les *water-closet* n'existaient que dans les demeures riches. Les égouts ne recevaient donc que les eaux de drainage et de lavage des rues, les eaux domestiques et une quantité très-limitée d'eaux vannes.

Bien que cet état de choses se soit perpétué dans d'autres villes de moindre importance que Londres, les efforts et les recommandations du Conseil général devaient peu à peu modifier notablement le régime des eaux de drainage. Pour le Conseil, les émanations de toutes substances animales ou végétales en voie de décomposition, sont incompatibles avec la santé publique ; elles engendrent des maladies d'un caractère pernicieux. Celle des matières excrémentitielles sont particulièrement contagieuses ; l'accumulation de ces matières dans des réceptacles voisins des habitations, notamment au centre des districts populeux, est une cause de grave danger. Le seul moyen pratique et économique d'enlever régulièrement et rapidement les vidanges, et de faire disparaître ainsi les causes d'insalubrités inhérentes à leur manutention, consiste à les noyer dans l'eau des égouts par des drains établis dans chaque maison (1). L'eau ralentit la décomposition ; les gaz, au lieu

---

(1) « Aucune population vivant au milieu des impuretés atmosphériques » provenant des fosses d'aisance, des égouts, etc., ne peut jouir de la » santé ni résister aux attaques des épidémies. La première condition » de santé est l'enlèvement immédiat de toutes ordures ou immondices » quelconques, au-dessous ou dans le voisinage des habitations. Aucun » remède n'est aussi convenable, aussi économique, aussi prompt, que » celui fondé sur l'entraînement par l'eau de toutes ces matières. »

Telles sont les conclusions générales du *Board of Health*, dans ses instructions *sur le Drainage et le Nettoiement des villes* (1).

Plus tard, lorsqu'il résume, avant de se dissoudre, les actes de son administration de 1848 à 1854 (2) il pose les deux principes suivants ;

« 1° Que dans les villes, toutes les émanations fournies par les matières » animales et végétales en décomposition, révèlent l'existence d'un foyer » d'insalubrité et de germes endémiques, et dénotent une administration » coupable.

« 2° Que dans les campagnes, ces mêmes émanations signalent un » gaspillage de matières fertilisantes, une perte d'argent, et, par consé-» quent, un mode de culture vicieux. »

(1) *Minutes of Informations*, etc. Londres, 1852, p. 142.
(2) *Report of the Gen. Board of Health on the administration et the Public Health Act.* Londres, 1854, p. 91.

de s'échapper dans l'atmosphère, se condensent ; l'air n'est vicié que si les liquides restent à l'état stagnant, ce qui n'est pas admissible, lorsque la canalisation est bien faite.

Ces axiômes ne tardèrent pas à gagner du terrain dans l'opinion publique et les recommandations du *Board of Health* devinrent bientôt des prescriptions. Déjà, la loi de 1848 (*Public Health Act*) consacrait d'une manière directe le principe de l'intervention officielle dans l'aménagement intérieur des maisons ; elle ordonnait que dans toutes celles construites postérieurement ou dont l'insalubrité serait reconnue, les dispositions étaient obligatoires. Les fosses furent donc supprimées ; plus de 300,000 fosses d'aisance ont disparu depuis 1848, à Londres seulement. Beaucoup d'autres villes ont suivi cet exemple. Le nombre des *water-closet* augmente proportionnellement ; la distribution d'eau ne fut pas augmentée, mais il fut imposé aux Compagnies de reporter leur prise en rivière, à près de 36 kilomètres en amont de Londres et de filtrer les eaux destinées à la consommation ; le service à haute pression et à robinet libre fut installé, la canalisation étendue à un grand nombre de points où elle n'existait pas et complétée par des égouts latéraux au fleuve dans les districts anciennement drainés. En même temps, les masses de matières solides déchargées par les émissaires devinrent de jour en jour plus considérables.

L'histoire des progrès tentés à Londres est celle de la plupart des villes anglaises qui se sont conformées, depuis 1848, aux injonctions du *Board of Health*.

Si l'on considère, d'une part, l'accroissement progressif de la population, le morcellement de la propriété dans les villes, l'agglomération des individus sur une surface donnée, et, d'autre part, la teneur de plus en plus élevée en principes organiques, des liquides déversés par les égouts, on s'expliquera facilement l'influence de ces matières putrescibles sur les cours d'eau qui servent d'exutoires aux égouts, et les complications qui en sont résultées pour le bien-être des populations.

L'action désinfectante de l'eau courante est incontestable, car, au contact de l'air, l'oxygénation des matières solubles s'active et elles deviennent inertes. Mais si le volume d'eau n'est pas suffisant, ou si le courant est contrarié dans sa marche, les matières organiques insolubles entretiennent la décomposition par les gaz que dégagent les dépôts où elles s'accumulent.

C'est ainsi qu'à Londres, malgré une distribution de 140 litres par habitant et par jour, les égouts incomplètement lavés, se déchargeaient dans l'intérieur de la ville, sur les deux rives de la Tamise, jusqu'au commencement de cette année, c'est-à-dire, avant l'achèvement des collecteurs. Le niveau des égouts à leur embouchure était assez peu élevé, pour que leur décharge ne pût s'effectuer qu'à marée basse, de sorte que les eaux croupissaient dans les égouts pendant 18 heures sur 24. Les matières les plus lourdes avaient ainsi le temps de se déposer, tandis que les matières légères, refoulées par la marée, remontaient le cours des égouts jusques dans les habitations. A la marée descendante, le reflux déterminait, au contraire, l'abondance de ces matières sur les berges, où elles avaient fini par former des dépôts infects qui, en été, restaient exposés à l'air. Les effluves créés étaient devenus si intolérables que, dans les dernières années, on a dépensé par semaine, jusqu'à 25,000 francs pour désinfecter les égouts pendant quelques semaines, indépendamment de la somme de fr. 750,000, affectée annuellement à leur curage.

Dans les districts manufacturiers et populeux, traversés par des cours d'eau, les mêmes faits que ceux ressentis à Londres se sont reproduits. Ici comme dans la métropole, les rivières transformées en cloaques à ciel ouvert, sèment des miasmes et ne peuvent plus, depuis longtemps, concourir à l'alimentation. Partout où l'on a pu trouver des sources ou capter les eaux superficielles de drainage, on a abandonné les distributions d'eaux de rivière. Dans bien des cours d'eau, le poisson a disparu au détriment des classes qui s'en nourrissaient.

Ainsi, la Medlock et l'Irwell, à Manchester; la Mersey, à Stockport; la Tame, à Birmingham; la Tyne, à Newcastle, etc., sont devenues des égouts. La Tamise, en amont des prises d'eaux qui sont distribuées à Londres, c'est-à-dire à plusieurs lieues avant son entrée dans la ville, a déjà reçu les déjections de 700,000 habitants. La petite rivière Tame, avant d'atteindre

Birmingham, entraîne les *excreta* d'une population de 270,000 individus, etc.

On conçoit que, dans ces circonstances, les procès n'ont pas été épargnés aux autorités municipales, qui avaient, d'après les prescriptions du Conseil général de salubrité, concentré sur un ou deux points la décharge des eaux. C'est le plus souvent sous l'empire des assignations lancées par les riverains, qu'ont été tentés les essais de filtrage, d'épuration chimique et d'arrosage dont nous nous proposons de rendre compte.

II. — COMPOSITION ET VALEUR DES EAUX D'ÉGOUT.

Les matières qu'entraînent les eaux d'égout, varient suivant les quartiers ou les districts d'une même ville, suivant la densité de la population, ses habitudes domestiques et ses occupations, suivant la saison, le jour et l'heure, enfin, suivant l'état atmosphérique. C'est assez dire combien l'analyse chimique est impuissante à établir d'une manière certaine la quantité d'éléments que dissolvent ou charrient ces liquides. Ces éléments se composent surtout des déjections des animaux, des eaux ménagères, des urines répandues sur la voie publique et des produits des fosses écoulés aux égouts. Parmi les analyses nombreuses auxquelles ont donné lieu ces eaux, nous avons choisi celles qui semblent se recommander par le soin apporté à leur dosage, et nous en avons dressé un tableau résumant, pour différentes villes, les proportions de matières solubles et insolubles, organiques et inorganiques. Nous faisons suivre ce tableau de quelques analyses complètes dues à des chimistes compétents.

NUMÉROS	DATE DES ESSAIS	LOCALITÉS ET NOMS DES ÉGOUTS	CHIMISTES	MATIÈRES EN SUSPENSION			MATIÈRES EN DISSOLUTION			MATIÈRES TOTALES			POIDS PAR LITRE D'EAUX D'ÉGOUT	
				organiques.	minérales.	total.	organiques.	minérales.	total.	organiques.	minérales.	total.	azote.	ammoniaque.
		LONDRES.												
1	1846	King's Scholar's Pond.	Brande et Cooper	"	"	0,150	"	"	1,066	"	"	1,216	"	"
2	1858	Id. id. id.	Hoffmann	0,276	0,717	0,993	0,085	0,525	0,610	0,361	1,242	1,603	0,046	0,256
3	1850	Dorset square	F. Way	"	"	1,435	"	"	1,554	"	"	2,989	"	0,045
4		Moyenne de 24 analyses		0,240	0,300	0,540	0,210	0,590	0,800	"	"	1,340	"	A
5	1851	Id. des eaux recueillies la nuit	Letheby	"	"	0,210	"	"	1,090	0,240	0,970	1,210	"	0,200
6		Moyenne générale		0,220	"	0,430	0,225	"	0,830	"	"	1,290	"	
7		Savoy Street		0,156	0,212	0,368	0,281	0,813	1,099	0,437	1,030	1,467	"	
8		Falcon id.		0,023	0,027	0,050	0,340	0,544	0,578	0,363	0,571	0,934	"	
9	1858	Earl id.	Hoffmann	0,020	0,021	0,041	0,018	0,637	0,655	0,038	0,658	0,696	"	
10		Fleet id.		0,250	0,600	0,910	0,081	0,670	0,751	0,331	1,330	1,661	"	
11		Northumberland id.		0,460	0,247	0,707	0,587	0,856	1,443	1,047	1,103	2,150	"	
		Moyennes.								0,402	0,886	1,305		
		EDIMBOURG.												
12	1846	Collecteur Foul Burn.	Phillips	"	"	1,520	"	"	1,170	"	"	2,690	"	"
13		Id. en sortir des bassins		"	"	0,660	"	"	1,230	"	"	1,890	"	"
14	1846	Sous indication d'egouts	T. Cooper	"	"	1,126	"	"	1,112	"	"	2,238	"	0,063
15	1850	Lochend	Anderson	"	"	"	"	"	"	"	"	1,500	"	0,100
16		Morningside Asylum.		"	"	"	"	"	"	"	"	1,802	"	0,045
17	1858	Sous indication d'egout	Hoffmann	"	"	"	"	"	"	0,738	1,153	1,891	"	"
18	1864	Moyenne générale de 105 analyses d'eaux d'égouts déchargés dans la Leith.	Stev. Macadam	0,245	0,570	0,815	0,404	0,196	0,600	0,650	0,765	1,415	"	"
		Moyennes.								0,609	0,950	1,930		
		RIGBY.												
19	1864	a. Moyenne	T. Way	0,576	0,691	1,287	0,150	0,640	0,729	0,735	1,301	2,036	"	0,123
20		b. Moyenne		0,462	0,754	1,216	0,142	0,654	0,793	0,604	1,400	2,004	"	0,125
		LEICESTER.												
21	1857	a.	Aikin et Taylor	"	"	1,950	"	"	1,400	0,296	1,154	1,450	"	"
22	1858	b.	Hoffmann	"	"	"	"	"	"	"	"	"	"	"
		MANSFIELD.												
23	1846	a.	T. Cooper	"	"	0,949	"	"	1,102	"	"	1,151	"	0,057
		ALNWICK.												
24	1857	Moyenne de 3 analyses	Richardson							0,523	0,673	1,206	0,032	"
		BIRMINGHAM.												
25	1860	Hockley et rivière Lea	A. Voelcker	"	"	"	"	"	"	"	"	0,941	0,032	"
		PARIS.												
26	1858	Egout de la rue Rivoli.		"	"	0,480	"	"	1,240	"	"	1,720	0,058	"
27		a. Collecteur d'Asnières 25 mai		"	"	"	"	"	"	2,071	1,420	3,491	"	"
28		b. Id. id. 26 id.		"	"	"	"	"	"	0,368	1,149	1,512	0,030	"
29	1860	c. Id. id. 28 id.	H. Mangon	"	"	"	"	"	"	0,272	0,811	1,083	A	"
30		d. Id. id. 12 juin		"	"	"	"	"	"	0,871	2,077	2,948	0,062	"
31		e. Id. id. 24 id.		"	"	"	"	"	"	0,075	1,781	2,456	"	"
32		f. Id. id. novembre		"	"	1,410	"	"	1,433	0,700	2,083	2,848	0,070	"
		Moyennes.								0,735	1,553	2,258		
		MILAN.												
33		La Martesana octobre.								0,011	0,079	0,090	"	"
34	1861	La Vettabia inférieure id	H. Mangon							0,010	0,097	0,107	"	"
35		Id. supérieure id.								0,010	0,211	0,227	"	"
36	1862	Id. id. mars								0,013	0,206	0,220	"	"

ANALYSES COMPLÈTES DE QUELQUES EAUX D'ÉGOUT.

	LONDRES.		ÉDIMBOURG.	MANSFIELD.	RUGBY.
	King's Scholar.	Dorset Squarre.			
En dissolution.					
Matières inorganiques	1	2	3	4	5
Oxyde de fer	0,029	traces	"	"	traces
Chaux	0,086	0,105	0,097	0,101	0,120
Magnésie	0,045	0,001	traces	0,015	0,025
Potasse	"	0,037	indét.	"	0,055
Soude	"	"		"	0,107
Chlore	0,142	"	0,172	0,137	0,100
Chlor^res de sod^um et de pot^um	"	0,389	"	"	"
Acide sulfurique	0,031	0,004	0,043	0,037	0,063
Acide phosphorique	"	0,036	"	"	0,018
Phosphate de chaux	0,097	"	0,015	indét.	"
Acide carbonique	0 025	0,151	"	"	0,120
Silice et sable	0,309	0,028	"	"	0,025
Matières organiques azotées	0,302	0,803	indét.	indét.	0,160
Total.	1,066	1,554	1,112	1,102	0,799
En suspension.					
Matières inorganiques					
Oxyde de fer et alumine	"	0,038	"	"	0,065
Chaux	"	0,119	"	"	0,054
Magnésie	"	traces	0,000	"	0,009
Potasse	"	0,010	"	"	"
Chlorure de sodium	"	0,030	"	"	"
Acide sulfurique	"	0,052	"	"	"
Acide phosphorique	"	0,023	"	"	0,026
Phosphate de chaux	0,034	"	0,094	0,013	"
Acide carbonique	"	0,028	"	"	0,046
Carbonate de chaux	0,027	"	0,039	traces	"
Silice et sable	0,089	0,807	0,420	0.024	0,450
Matières organiques azotées	"	0,328	0,563	0 012	0,576
Total.	0,150	1,435	1,126	0,049	1 236
Ammoniaque.	0,047	0,256	0,063	0,057	0,123

1, 3 et 4, analyses de T. Cooper.

2, analyse du professeur Way.

5, analyse du professeur Way.

Eaux des égouts de Paris (1).

	1.	2.	3.	4.	5.
Produits volatils non compris l'azote. .	0,630	0,90	0,33	0,19	1,575
Azote.	0,058	0,07	0,04	0,04	0,026
Cendres.	1,506	1,24	1,19	4,03	1,242
Poids total du résidu solide par litre. .	2,194	2,21	1,56	1,26	2,843

Analyse du dépôt naturel des eaux d'égout, à Birmingham (2).

Eau.	47,47
Matière organique contenant azote 0,41 = 0,50 ammoniaque . . .	17,61
Sulfure et oxyde de fer et alumine .	0,40
Phosphate de chaux	1,10
Sulfate de chaux.	0,22
Carbonate de chaux	0,52
Carbonate de magnésie	0,09
Sulfure de cuivre et de zinc . . .	0,94
Chlorure de sodium	0,05
Sable	28,07
	100,00

Ainsi, les matières minérales consistent surtout en carbonate de chaux, en chlorure de sodium, en phosphates et en sulfates alcalins, fournis principalement par les eaux de la consommation et par les urines. Les matières insolubles proviennent presque entièrement du pavé, des roues et de l'usure des fers des chevaux.

(1) Analyses de M. Hervé-Mangon : le n° 1 représente un échantillon de l'eau de l'égout Rivoli; le n° 3 est un échantillon moyen d'eaux recueillies à 8 heures du matin, midi, 4 heures et 8 heures du soir; le n° 4 des eaux recueillies de 5 heures du matin à midi et de 6 heures du soir à minuit; le n° 5 s'applique à des eaux puisées au mois de novembre 1860.

(2) Analyse du Dr Voelcker. Les eaux ne déposent en moyenne que 0gr,268 par litre, tenant 0,006 d'azote.

Les matières organiques jouent le rôle le plus important dans le résidu solide que laissent les eaux après l'évaporation. Sous le microscope, la présence des matières en décomposition est des plus apparentes ; ce sont des utricules ou des petites cellules de blé, de pommes de terre, de choux, etc., provenant des matières fécales. L'action de l'iode sur l'amidon de ces cellules confirme leur origine. Les animalcules sont peu nombreux, et leur absence s'explique par la formation de gaz délétères dans le sein des eaux ; les seuls reconnus jusqu'ici appartiennent au genre *monas* et aux *annélides*. Enfin, M. Hassall a constaté la présence de deux substances particulières ; l'une noire, charbonneuse, qui colore les eaux ; l'autre, ocreuse, analogue à la fibre musculaire, qui rappelle celle des matières excrémentitielles.

Les matières organiques donnent naissance à un dégagement de gaz d'autant plus considérable, qu'elles arrivent fraîches, à l'état de ténuité propre aux réactions chimiques, dans un volume d'eau qui suffit à peine pour les tenir en suspension et dont le degré de température est le plus souvent favorable à la décomposition. En outre, au contact d'une substance organique quelconque, les eaux qui avaient déjà fermenté, peuvent reprendre leur action. Les composés fermentescibles, promptement altérables, sont ainsi transformés en produits nauséabonds. Le sucre devient de l'acide lactique, puis de l'acide butyrique à odeur fétide et enfin de l'hydrogène et de l'acide carbonique. Les substances albuminoïdes donnent de l'ammoniaque, de l'acide carbonique et de l'acide sulfhydrique, etc.

Si l'on porte à l'ébullition le liquide des égouts, après décantation, on recueille simultanément, de l'ammoniaque, de l'hydrogène sulfuré, du gaz des marais, de l'acide carbonique et de l'azote.

Dans les eaux des égouts de Londres, on a constaté que le volume des gaz ainsi recueillis atteignait de 115 à 275 centimètres cubes par litre d'eau. La proportion de gaz acide carbonique variait entre 35 et 70 % ; celle de l'hydrogène sulfuré de 1 à 3. Pendant la première semaine le volume des gaz dégagé (expériences du Dr Letheby), était de 10 centimètres cubes par heure ; à la fin de la troisième semaine, de 5 centi-

mètres cubes ; après la neuvième semaine, de 0^{cc},66. On a ainsi
constaté, pour les eaux des égouts de la Cité, que sur 100 litres
de gaz il y avait :

Hydrogène carboné	72
Acide carbonique.	17,7
Azote.	10,2
Hydrogène sulfuré.	0,08
Ammoniaque	0,02
	100,00

D'autres gaz volatils, d'une odeur caractéristique, n'ont pu
être isolés, bien qu'ils paraissent se rapprocher de l'ammoniaque. Quant à ce dernier corps, si intéressant pour l'agriculture, le Dr Letheby a trouvé que la proportion s'élevait dans
les eaux courantes des égouts de 0^{gr},04 à 0^{gr},20 par litre (Tableau
p. 8) et, dans les eaux stagnantes, de 0^{gr}.20 à 5^{gr}.

Le professeur Way, chargé par la Commission d'enquête
de 1861, d'analyser les eaux des égouts de Londres, de Croydon,
de Coventry, etc., y a recherché l'azote sous les deux états, de
sels et de matière organique. L'azote disponible immédiatement
pour la végétation, est, en effet, dissous dans le liquide, tandis
que l'azote des matières organiques est, pour la plus grande
partie, à l'état insoluble. Voici les moyennes des dosages d'azote
faits en tenant compte de cette division :

NOMBRE D'ESSAIS.	DATE.	LOCALITÉS.	AMMONIAQUE PAR LITRE	
			en dissolution.	en suspension
3	mars avril } 1859	Londres	0^{gr},092	0^{gr},0412
12	avril juin } 1861	Croydon Coventry Rugby	0^{gr},051	0^{gr},0160

L'ammoniaque existerait donc en plus grande quantité, en dissolution qu'en suspension. Pour apprécier la quantité maximum de ce corps que le repos ou la fermentation peut développer, M. Way a puisé le 7 février des eaux dans l'égout Northumberland (Londres); ces eaux renfermaient à cette date 0^{gr},058 d'ammoniaque soluble par litre; le 12 février, la proportion atteignait 0^{gr},095 et restait stationnaire. Dans un autre essai sur de l'eau puisée le 24 mars, l'ammoniaque soluble représentait 0^{gr},074 par litre; le maximum de 0^{gr},115, fut atteint le 31 mars suivant.

Ainsi, toute l'ammoniaque fournie par l'urée et par les autres substances ne se dégage qu'après quelques jours de repos; tandis que les azotates alcalins ou terreux, dont l'analyse chimique permet de connaitre de suite la proportion, se transforment en acide azotique.

Valeur des eaux d'égout. — La valeur intrinsèque des eaux d'égout a donné lieu à des appréciations diverses dans les villes où il importait de fixer la richesse fertilisante jetée annuellement dans les rivières. Deux procédés ont servi jusqu'ici à ces déterminations : le premier consiste à choisir le poids moyen de déjections solides et liquides par individu et à ajouter au total que donne ce poids multiplié par le nombre d'habitants, les produits fournis par les manufactures et la voie publique; le second se borne à calculer la quantité de matières solides d'après les résultats des analyses faites à diverses heures du jour et dans les différentes saisons.

Si nous prenons Londres pour exemple, MM. Way et Lawes appliquant le premier procédé de calcul, ont établi que le poids total de matière sèche, par individu et par an, est de 20^k,86 sur lesquels il y a 15^k,86 de matières organiques et 5^k de matières minérales. Parmi les matières organiques, l'ammoniaque est à peu près le seul élément qui ait une valeur fertilisante; tandis que, dans les matières minérales, il ne faut compter que sur l'acide phosphorique, le phosphate de chaux et la potasse. Pour une masse totale de matières pesant à l'état sec 51,287 tonnes, M. Lawes estime que la quantité annuelle d'azote dans les eaux des égouts de Londres, s'élève à 8,859 tonnes, correspondant à 10,758 tonnes d'ammoniaque. Il est vrai que toutes les déjections ne vont pas aux égouts, et il y a à ajouter les produits des usines sur lesquels on n'a pas de données certaines, ainsi que ceux du nettoiement de la voie publique. Sur ce dernier point, M. Way a constaté que l'eau puisée aux regards des égouts après l'orage ou les grosses pluies, tenait par litre 3^{gr},70 de matières en dissolution et 2^{gr},10 en suspension. Le chiffre total de l'azote est indépendant de ces substances additionnelles.

Le second procédé est fondé sur les données de l'analyse chimique. Des dosages du Dr Letheby, il ressort que le montant de matières solides provenant d'eaux recueillies dans divers collecteurs de la Cité est de 1^{gr},340 par litre pendant le jour et de 1^{gr},127 pendant la nuit, ce qui donne une moyenne pour les 24 heures de 1^{gr},234 par litre, dont 0^{gr},417 en suspension comprenant 0^{gr},22 de matière organique, et 0^{gr},817 en dissolution renfermant 0^{gr},22 de matière organique.

Sur 496 tonnes de matières solides entraînées journellement par les égouts, le Dr Letheby admet la division suivante :

Matières fécales.	155 tonnes.
Granite, fer, etc., provenant des chaussées, chevaux, etc.	82
Sels des eaux de la consommation.	104
Matières des usines, etc.	155
Total. . . .	496

comprenant 218 tonnes de matières organiques, dont moitié en dissolution et moitié en suspension.

Mais la moyenne établie par M. Letheby est sujette à discussion. Ainsi, sur 24 de ses analyses, 15 donnent seulement une moyenne de 0^{gr},940 de matières solides par litre, et dans les neuf autres, la moyenne est de 1^{gr},755. Si l'on réfléchit que cet excès correspond à des jours pluvieux et est représenté en grande partie par des matières inertes, on aura plus de chance de s'approcher de la vérité, en prenant pour moyenne 1^{gr} par litre qu'en adoptant celle de 1^{gr},234 fixée par le Dr Letheby, ou celle de 1^{gr},455 admise par MM. Hoffman et Witt.

C'est, du reste, le chiffre auquel ont été conduits les chimistes Voelcker, Wrighston, etc., dans leurs essais sur les eaux d'autres villes, Birmingham, Liverpool, etc. En tous cas, comme le fait justement remarquer M. Way, à l'occasion des analyses des égouts de Dorset-Square et d'Oxford-Street (tableau p. 10) qu'il recommença dix années plus tard, en constatant moitié moins d'azote : « Aucun échantillon recueilli pendant une certaine » période de l'année, ne peut donner une indication précise de » la valeur des eaux de toute une ville. C'est au collecteur géné-» ral seulement qu'on peut espérer obtenir une approximation, » et encore, serait-on certain d'avoir dosé tous les éléments, » que l'on n'arriverait pas à fixer la valeur pécuniaire du » liquide. »

En effet, il y a dans tous ces calculs un coefficient variable dont l'importance n'échappera à personne, c'est le volume des eaux. Pour Londres, par exemple, il n'y a moins de trois chiffres officiels dont l'écart représente un tiers du volume total annuel.

VOLUME DES EAUX DE LONDRES

	des égouts,	de pluies,	total.
Dr Franklin. . .	132,000,000^{m3}	75,000,000^{m3}	207,000,000^{m3}
Bazalgette . . .	158,000,000	111,000,000	269,000,000
Capitaine Galton .	216,000,000	112,000,000	328,000,000

Aussi, l'évaluation en argent de la richesse fertilisante des eaux donne-t-elle lieu aux résultats les plus contradictoires. Selon M. Mechi, entendu à toutes les enquêtes parlementaires, l'engrais des eaux de Londres représente une valeur de 50 millions de francs par an (1); la valeur théorique étant de 60 millions. Mais ailleurs, il affirme que le mètre cube ne vaut pas plus de 0^r,20 (2), ce qui ne ferait plus que 28 millions; et, plus loin, il ajoute que la valeur de l'engrais fourni par une

---

(1) *Report on Sewage (metropolis)*, juillet 1864; n°s 1022, 1053 et 1057.
(2) Même rapport, n°s 1033, 1034 et 1069.

population de 20,000 âmes, atteint la modique somme de 25,000 francs par an (1). Or, M. Mechi a appliqué l'engrais liquide pendant 20 ans sur sa ferme de Tiptree !

Lord Essex, qui a également utilisé les eaux de Watford, estime à 20 millions de francs seulement le produit des égouts de Londres (2).

Le Comité municipal « *Coal, Corn and Finance* », sans tenir compte de ces extrêmes, ne craint pas, dans son Rapport à la corporation de la Cité de Londres (3) de fixer la valeur annuelle des matières à 72 millions de francs. D'après ce rapport, les 266,052,440 mètres cubes d'eaux déversées annuellement par les égouts métropolitains, renferment une quantité de matières fertilisantes équivalente, à l'état sec, à 212,842 tonnes de guano du Pérou, côté à 340^f,60 la tonne. Le Comité, en conséquence, insiste pour qu'une pareille richesse appartenant aux contribuables ne soit pas gaspillée et pour que le « *Conseil métropolitain* » suspende toute décision à l'égard de la concession de ces eaux.

Si nous passons aux évaluations fondées sur l'analyse récente des eaux, nous remarquons, avec le Dr Hoffmann, que le mètre cube a une valeur de 0^f,20 en moyenne ; soit de 95,000 francs par jour et de 34 millions de francs pour l'année. Ses calculs sont rapportés au guano côté à 275 francs la tonne, dans lequel l'ammoniaque se paie 1^f,40 le kil. ; le phosphate de chaux 0^f,175 et la potasse 0^f,77 ; ce qui donne au résidu solide, par mètre cube, une valeur, en nombres ronds, de fr. 150 la tonne.

Le Dr Voelcker a contrôlé ces chiffres en se référant à la composition moyenne des eaux, qu'il établit de la manière suivante :

---

(1) *Report on Sewage (metropolis)* juillet 1864, n° 1130.
(2) *Rapport on Sewage*, 1864, n° 48.
(3) Rapport du 8 novembre 1864.

Composition moyenne des eaux d'égout de Londres (1).

	1 mètre cube d'eau contient :	1 tonne de matière sèche contient :
Matières organiques et sels ammoniacaux renfermant	0^k,427	333^k,69
Ammoniaque	0^k,099	72^k,02
Matières minérales . . .	0 ,855	
renfermant :		666 ,31
Acide phosphorique. . .	0 ,044	10 ,27
Potasse	0 ,042	30, 82
Matières inertes	0 ,798	62 ,54
Totaux ,	1^k,282	1000,00

De sorte que, si l'on évaporait, un mètre cube de liquide, on obtiendrait, à l'état sec, 2/3 de matières inertes, complètement inutiles. Aussi, ne peut-on comparer ces eaux avec le guano, sans tenir compte de l'excès d'eau, et en admettant qu'on néglige cet excès, ne doit-on pas oublier que le guano ne contient pas, pour ainsi dire, de matières inertes. Si l'on adopte 1^f,35 pour le prix du kilogramme d'ammoniaque, 0^f,65 pour le kilo de potasse et 0^f,45 pour le kil. d'acide phosphorique, on n'a plus, d'après le Dr Voelcker, que 128 fr. par tonne de matières sèches, ce qui correspond à une valeur de 0^f,175 par mètre cube d'eau.

M. Hervé Mangon, adoptant pour la richesse en azote des eaux d'égout de Paris, le chiffre (probablement au-dessous de la vérité) de 0^{gr},0582 par litre, et le poids, pour les matières dissoutes ou en suspension, de 2 grammes par litre, a cherché à évaluer la quantité de matières fertilisantes entraînées et perdues annuellement. Il fallait, pour cela, connaître leur volume : M. Mangon a fixé par année à 21,900,000 m. cubes de liquide au même degré de concentration que celui qui avait servi à un essai. D'après ces hypothèses, les eaux des égouts de Paris contiendraient :

---

(1) *Lecture on Town Sewage.* Londres, 1862.

Azote de l'ammoniaque . .	851,910ᵏ	
Azote des matières solides .	420,480	1,272,390ᵏ
Matières organiques non compris l'azote		12,899,100
Matières minérales . . .		30,879,000

Total, 45,050,490

En vérifiant la richesse en azote sur les données synthétiques que fournit l'état des chevaux qui circulent dans les rues de la capitale, M. Mangon adopte le chiffre de 1,200,000 kil. d'azote(1), soit, au prix de 1ᶠ,40 fixé par le Dʳ Voelcker, une valeur de 16,800,000 francs. L'écoulement des produits des fosses dans les égouts doublerait cette valeur, car il leur apporterait 1,400,000 kil. d'azote ou plus.

Toutes ces données, quelque approchées qu'elles soient, sont erronées quant à la valeur pratique des eaux comme fertilisant. Nous avons démontré ailleurs (2) qu'il fallait faire entrer en ligne de compte le volume et l'état physique de l'engrais. Le guano constitue un engrais maniable que l'on apporte où, quand et comme on le désire sur le sol, de façon à fournir aux plantes, à un moment critique de leur végétation, un aliment abondant. La même quantité de guano ou de superphosphate répandue en couverture, vient-elle à être mélangée avec la masse du sol, sur une épaisseur de 0ᵐ,40 par exemple, qu'elle ne remplit pas le même but. Par ce fait, on ne peut pas modifier matériellement la composition du sol, pris en masse, quelle que soit la quantité d'engrais dont on dispose, ni étendre l'action fertilisante au-delà de la surface. La pratique du fermier se borne donc à n'engraisser que la mince croûte superficielle nécessaire à l'alimentation première de la plante ; et par cette raison, les engrais concentrés, guano ou superphosphate, sont utiles. Dans les sols sableux, au contraire, où il faut tout apporter,

____

(1) Note sur la valeur, comme engrais, des produits de la voirie de Paris. *Ann. des Ponts et Chaussées*, 1859.

(2) *Fabrication et emploi des phosphates de chaux en Angleterre*, par A. Ronna, ingénieur, 1864.

des engrais volumineux, tels que le fumier et les eaux d'égout, s'appliquent avec plus de profit que les engrais concentrés.

La valeur des eaux d'égout aurait donc dû être calculée par rapport au fumier de ferme, au lieu du guano ; les résultats auraient été alors bien différents. En se guidant sur l'analyse seulement, le fumier de ferme bien consommé vaudrait 16ᶠ,85 (1) ; mais on ne le paye effectivement que 4 à 6 francs la tonne. Pourquoi alors, s'il s'agit d'un engrais plus volumineux et d'un emploi bien plus gênant que le fumier, ne pas diminuer proportionnellement la valeur théorique.

Le chiffre réel est donc celui qui résulte de l'emploi agricole des eaux. C'est celui que les enquêtes ont permis d'établir et qu'on trouvera plus loin.

III. — ÉPURATION DES EAUX D'ÉGOUT.

L'épuration des eaux d'égout a pour but de transformer en un liquide incolore, limpide, inodore, et se rapprochant le plus possible des eaux courantes de la surface, les liquides noirs, troubles et fangeux, chargés de principes putrescibles et de gaz méphitiques que déversent les égouts. Ce but n'est atteint que si : 1° on sépare de ces liquides les matières en suspension, en leur enlevant toute faculté de se décomposer ultérieurement et d'engendrer des miasmes ; 2° si on désinfecte chimiquement les liquides avant de les laisser se perdre, de façon à assurer leur innocuité.

---

(1) Ce prix se décompose ainsi d'après la composition du fumier de ferme (A. Voelcker. *Lecture on Farmyard manure*. Londres 1857).

	Par tonne de fumier.	
Phosphates solubles	3ᵏ,85 =	2ᶠ,50
Potasse	4 ,53 =	3 ,10
Ammoniaque.	7 ,25 =	10 ,00
Phosphates insolubles.	5 ,67 —	1 ,25
		16 ,85

Les procédés appliqués jusqu'ici ne remplissent ce programme que très-imparfaitement, surtout au point de vue économique. Nous les passerons en revue en les rapportant à trois catégories :

1° Filtrage et décantation ; c'est le traitement mécanique qui sépare les matières en suspension par le repos ou par des filtres ;

2° Désinfection proprement dite, avec ou sans précipitation ;

3° Précipitation ou traitement chimique proprement dit.

1. — FILTRAGE.

La décantation dans des bassins et le filtrage des eaux sont appliqués dans la plupart des villes importantes de l'Angleterre. Il est incontestable qu'une masse de matières fermentescibles a été ainsi détournée des cours d'eau qu'elles dénaturaient ; mais ces procédés purement mécaniques n'exercent aucune action sur les matières en dissolution, et sont, par cela même, insuffisants. C'est ce qui ressort de la description suivante des modes de filtrage employés dans plusieurs localités.

Birmingham. — La municipalité de Birmingham venait à peine de compléter le drainage par la construction de deux collecteurs parallèles, qu'elle reçut du Chancelier l'ordre de purifier les eaux des égouts avant de les rejeter dans la rivière Tame. Après des expériences faites sous les yeux d'une commission et sur la proposition du chimiste, M. Lindsay-Blyth, on vota une somme de 105,000 francs pour l'épuration des eaux. Un bassin de 100 mètres de longueur, 30 mètres de largeur et $2^m,10$ de profondeur, fut construit sur un terrain situé près du confluent de la Rea et de la Tame. Ce bassin est divisé en trois compartiments ; chacun de ces compartiments communique à volonté avec la rivière par une rigole latérale ou avec le compartiment voisin par un barrage mobile. La communication avec la rigole n'a lieu qu'à travers des claies filtrantes. Les deux premiers compartiments servent au dépôt des liquides, le troisième contient deux filtres, dont un *per ascensum*, de 450 mètres carrés de surface, est formé d'une grille de fer recouverte de $0^m,08$ de gros gravier et de $0^m,22$ de sable. L'autre filtre *per descensum* a été abandonné parce qu'il ne fonctionnait pas.

Les liquides des égouts à Birmingham sont d'une nature exceptionnelle, car en présence des acides libres, les matières solides s'y précipitent très-promptement. Ainsi, après cinq semaines, le premier compartiment reçoit jusqu'à 1^m,50 d'épaisseur de dépôt, et le deuxième, 0^m,40, et le filtre *per ascensum* ne retient guère plus de 0^m,07 à 0,10, c'est-à-dire à peine 3 °/₀ des matières en suspension.

En présence du résultat du filtrage, le second bassin destiné à alterner avec le précédent, de manière à prévenir toute interruption dans le service, n'a pas été pourvu de filtres. Aujourd'hui, on retire journellement d'un volume moyen de 55,000 mètres cubes d'eau, 60 à 80 tonnes de matières solides que l'on se borne à sécher à l'air. Les frais d'entretien, etc., des bassins sont, par an, de 35 à 40,000 francs. La tonne de matières se vend, en petites quantités à 0^r,60 la tonne, aux maraîchers et aux jardiniers des environs, mais le plus souvent il faut les donner gratis aux paysans, moyennant qu'ils les enlèvent à leurs frais (1). Cet enlèvement, le chargement sur bateau, etc., représentent environ 15 fr. par bateau de 25 mètres cubes.

M. Blyth, chimiste, avait proposé, dans son rapport, de précipiter les eaux dans le second compartiment par de la craie ou du calcaire à demi calciné, ce qui eut dispensé d'un troisième compartiment et assuré une épuration plus complète. En présence de l'acide sulfurique libre, des sels métalliques, et de la faible proportion de matières organiques, la craie aurait suffi pour neutraliser l'acide, précipiter les oxydes et fixer une partie de l'ammoniaque. Mais le traitement mécanique a prévalu, au détriment de la salubrité du voisinage et des eaux.

Plymouth. — A Plymouth, on s'est borné, pour se conformer aux règlements sanitaires, à construire deux séries de bassins voûtés. Ces bassins de dépôt bâtis dans les eaux mêmes de la baie Deadman, forment un des quais du port ; ils communiquent entr'eux par un trop plein et n'offrent rien de particulier que leur prix de construction (125,000 fr.)

---

(1) Ce dépôt consiste pour la plus grande partie, en sable provenant des chaussées macadamisées.

Bilston. — A Bilston, le procédé est simple. Des filtres sont établis sur 60 mètres de longueur dans le collecteur même qui mesure 1^m50 sur 1^m20 ; ces filtres, formés de scories et de mâchefers, sont partagés en cinq longueurs. Le compartiment voisin de l'émissaire est le plus chargé de matières ; on en est quitte pour y renouveler plus souvent les scories. Les eaux sortent très-limpides ; les scories sont remplacées cinq à six fois par an.

Ashby. — L'installation de la petite ville d'Ashby-de-la-Zouch (4,000 habitants) mérite d'être citée pour l'économie avec laquelle elle a été faite.

Les bassins de dépôt sont en communication par des filtres formés de planches perforées, plantées à 0^m,90 de distance et dont l'intervalle est rempli de cailloux et de graviers. Les dimensions de ces cailloux sont moindres au fur et à mesure que les filtres s'éloignent davantage de l'émissaire. Il y a trois séries de bassins ainsi partagés par des filtres. Dans la première série le curage s'opère toutes les 6 ou 8 semaines ; dans la seconde, une fois par an ; la troisième dure plus longtemps encore sans nettoiement.

On extrait par an de 80 à 100 tombereaux de matières, que l'on vend couramment au prix de 3 fr. l'un.

Cette installation représente la dépense annuelle suivante :

Location du terrain. . . . . fr.	125	»
Annuité et intérêt sur le capital de construction (2,000 fr.) . . . . »	126	50
Frais d'exploitation. . . . . . . »	195	»
Total, fr.	446	50
Produit de la vente de l'engrais (90 tombereaux à 3 fr.). . . . . fr.	270	»
Reste, fr.	176	50

soit une dépense d'envion 0^f,045 par habitant.

Worksop. — L'ingénieur Rawlinson, connu par ses travaux d'assainissement, a fait établir les bassins de Worksop où il s'est proposé de faire déposer les eaux, puis de les filtrer à travers des claies mobiles.

Les tranchées ou fossés à ciel ouvert dont les radiers sont à 0^m,30 de profondeur au-dessous de l'émissaire, sont au nombre de six, et mesurent 60 mètres de longueur, sur 0^m,45 de largeur au fond. Ces tranchées sont rangées sur deux parallèles dont la distance est de 4 mètres. A chaque extrémité sont disposés des vannes qui permettent de faire fonctionner simultanément le nombre de bassins nécessaire ou de perdre les eaux directement à la rivière (planche 1). La section est calculée dans le rapport de 10 à 1, relativement à celle de l'émissaire, afin de diminuer proportionnellement la vitesse du courant. Des claies mobiles, en osier, sont transportées d'une tranchée à l'autre, suivant le besoin, pour filtrer les eaux avant qu'elles ne se rendent, par deux rigoles, dans la rivière Ryton.

Le curage s'opère périodiquement, les frais représentent de 0^f,70 à 0^f,90 par mètre cube. On enlève chaque mois 20 mètres cubes de matières que l'on rejette sur les bords des fossés, et que l'on vend au prix de 3 fr. le mètre cube. Un bassin spécial, muni d'une pompe, a été installé pour y préparer du lait de chaux dans le cas où il faudrait, par suite des émanations, désinfecter les eaux. Enfin, la route menant à l'usine est empierrée et l'usine même est clôturée.

La dépense de cette installation s'est élevée :

Pour le terrain (1/2 hectare) à . . . . fr. 7,250
Pour les constructions, y compris les tuyaux, les murs de soutènement, la route, les claies, l'outillage et la clôture à . . . . » 6,430

Total, fr. 13,680

Si l'on ajoute les frais annuels, l'intérêt du capital et qu'on défalque le produit des ventes d'engrais, on arrive au chiffre de 0^f,05 par habitant.

Worksop, qui comprend une population de 7,000 âmes, possède une canalisation bien établie et quoique les *Water-Closet* ne soient pas aussi nombreux qu'il conviendrait, l'installation de M. Rawlinson pourrait être avantageusement imitée.

Rugby. — Avant que les liquides des égouts ne fussent utilisés pour l'arrosage, la municipalité de Rugby, pour faire cesser les plaintes causées par l'écoulement à la rivière de ces liquides, avait dû établir deux bassins de filtrage. Ces bassins construits sur les mêmes principes que ceux affectés à la clarification des eaux potables, ont marché trois ans sans donner de résultat ! Leur engorgement s'opérait si vite qu'à peine l'un des bassins était-il nettoyé, l'autre s'obstruait. Ils ont été remplacés depuis par de simples bassins de dépôt avec des claies de filtrage verticales.

Bingley. — Il nous reste à parler du mode de filtrage appliqué aux teintureries et blanchisseries de Bingley, et qui n'en offre pas moins un renseignement utile sur l'emploi des mâchefers. Les eaux grasses et savonneuses de ces usines filtrent à travers une couche de 4^m,50 à 6 mètres de mâchefer provenant des grilles des machines. Les parois du bassin sont elles-mêmes en mâchefer. Le dépôt de matières constitue un engrais excellent que l'on répand immédiatement sur les prés. Le liquide, au sortir des laveries, est amené dans des cuves en ciment, porté à l'ébullition par un jet de vapeur, traité par un acide qui fait coaguler à la surface le magma graisseux, puis écoulé dans les filtres à mâchefer d'où il sort très-limpide. Le magma est filtré sur des nattes de coco, garnies de toile, où il acquiert la consistance crémeuse, puis enveloppé dans des sacs en grosse toile, et porté à la presse où il abandonne près de 45 % de graisse. Les tourteaux sont très-estimés comme engrais.

Digues filtrantes. — L'installation de Worksop, qui repose sur le principe du dépôt des matières insolubles à l'aide d'une grande lenteur de circulation dans les bassins, remet en valeur le principe énoncé en 1827, et appliqué dans diverses circonstances, depuis cette époque, par M. Parrot, ingénieur des mines (1). Lorsqu'on établit un bassin de dépôt suivant les errements ordinaires, l'eau supposée épurée s'écoule par un déversoir de superficie, au fur et à mesure que l'eau à épurer afflue dans le bassin. Il est alors facile de remarquer que l'eau

______
(1) *Ann. des Mines,* 2e série, t. IV et t. VIII.

ne se déplace à la surface que sur une épaisseur très-faible et forme une sorte de nappe courante dans laquelle les matières restent en suspension. Si, au contraire, pour faire écouler un même volume d'eau, on suppose que la digue qui barre le bassin, soit percée sur toute sa hauteur et sur toute sa largeur d'une foule de petits orifices, toute la masse d'eau qui remplit le bassin se mettra en mouvement, mais avec une vitesse qui sera en raison inverse de son épaisseur, comparativement à celle de la tranche mince qui formait le débit du déversoir de superficie. La vitesse devenue dix fois, cent fois plus faible, le dépôt des matières en suspension s'opère bien plus complètement.

M. Parrot a réalisé ce principe en grand, au moyen de digues faites en sable et gravier, perméables sur toute leur hauteur, c'est-à-dire garnies à diverses hauteurs de petits orifices à vannes. Mais en dehors de son application aux lavoirs à minerai de fer, le principe des digues filtrantes de Parrot ne s'est pas répandu.

On a récemment cherché à le faire revivre pour l'épuration des eaux de décharge aboutissant à la Seine. On proposait de faire arriver les égouts à de grands bassins de dépôt établis suivant le système Parrot et pouvant fonctionner alternativement. Un double jeu de vannes eut permis d'intercepter l'accès des bassins de dépôt et de rejeter directement les eaux dans le fleuve en cas de pluie abondante ou d'orage. Lorsque dans chaque bassin, le dépôt aurait atteint une épaisseur convenable, la vanne d'amenée serait fermée; le bassin serait vidé par décantation et la boue amassée sur le radier serait relevée à bras ou mécaniquement pour être séchée à l'air libre ou sous des abris. En ajoutant dans le canal d'amenée du charbon de tourbe que les environs de Paris fourniraient en abondance, on parviendrait, en condensant une partie de l'ammoniaque, à désinfecter les eaux et à augmenter notablement la valeur de l'engrais formant résidu. L'action de la tourbe est examinée dans le chapitre suivant, quant à celle des réservoirs Parrot envisagés isolément, elle ne représente dans notre pensée, qu'un moyen plus parfait, mais incomplet, d'augmenter la richesse agricole et d'améliorer les conditions générales de la salubrité.

Quoi qu'il en soit de la séparation mécanique des dépôts par filtration ou par repos, il ne faut pas oublier qu'elle exige l'emmagasinement temporaire d'énormes masses de matières, leur enlèvement très-prompt et un nombre considérable d'opérations qui demandent un personnel multiple et qui doivent s'exécuter autant que possible à distance des centres habités. La concentration sur un point unique du produit total des égouts d'une grande capitale comme Paris, serait par cela seul un obstacle des plus sérieux à l'établissement du filtrage. Nous croyons donc également difficile d'admettre, avec d'autres personnes, que les eaux de Paris pourraient être dirigées sous un collecteur voûté parallèle au fleuve, pour y laisser déposer les matières solides dans des puits placés de distance en distance. Un barrage établi sous un angle de 45° à l'embouchure du collecteur ferait dévier les eaux dans ce collecteur, dont la pente serait calculée de manière à faciliter le dépôt dans les puits. Au-dessus de chaque puits une noria, ou chaîne à godets, élèverait les matières solides et les déverserait soit dans des bateaux amarrés sur la Seine le long du collecteur, soit du côté de la route, dans des tombereaux. Ce projet n'est réalisable qu'à la condition que cette manipulation soit inodore et salubre, c'est-à-dire que les matières soient désinfectées, ou que le dépôt à peine extrait soit conduit non pas chez les consommateurs, car l'expérience des autres villes nous apprend qu'on l'enlève avec peine, même quand on le livre gratis, mais dans un dépotoir général, où les mêmes questions d'assainissement se présentent.

2. — DÉSINFECTION.

Les procédés de désinfection reposent sur les propriétés chimiques absorbantes ou antiseptiques d'un grand nombre de substances susceptibles d'enlever aux liquides méphitiques leur couleur, leur odeur et de leur rendre leur limpidité. Ces substances appartiennent à plusieurs catégories.

1° Les oxydes métalliques et leurs sels, le sulfate de zinc, l'acétate et l'azotate de plomb, le pyrolignite de fer, le chlorure de manganèse, les alcalis fixes, la chaux, la magnésie et leurs sels, etc. Ces composés fixent plus ou moins complètement les gaz contenus dans les eaux, notamment l'acide sulfhydrique, mais, sauf la chaux, l'albumine, la dolomie, les phosphates et le sulfate de fer, ils ne précipitent pas les matières insolubles, ni ne coagulent les matières dissoutes; ou bien, s'ils en séparent une partie, c'est à un état impropre à l'agriculture et en donnant aux liquides désinfectés des propriétés qu'ils n'avaient pas. La difficulté qu'on éprouve à se procurer ces réactifs en grandes quantités, leur prix de revient et les frais de manipulation ne permettent pas de les employer à l'épuration de volumes d'eaux aussi considérables que ceux des égouts d'une ville. Ils n'offrent donc, en dehors de ceux que nous signalons spécialement, qu'un intérêt médiocre.

Il convient toutefois de comprendre dans cette classe des composés d'une action chimique très-énergique, tels que le chlore, le chlorure de chaux, le perchlorure de fer, les acides sulfureux et nitreux, les sulfites alcalins, qui ont été appliqués sur une assez grande échelle; mais ces désinfectants sont ou d'un maniement trop délicat, d'une production trop restreinte, ou trop instables et, en tout cas, d'un prix trop élevé pour rentrer dans la pratique journalière.

2º Quelques substances anti-septiques; le goudron, le créosote, l'acide phénique et autres liquides brevetés, qui servent à retarder la décomposition de la matière azotée et à masquer les émanations. Mélangé aux sulfites alcalins, l'acide phénique constitue le fluide Mac-Dougall, employé dans certaines villes anglaises à l'épuration des eaux d'égout.

3º Enfin, la dernière catégorie de réactifs oxydants embrasse, d'une part, ceux qui accélèrent par leur oxygène la décomposition des éléments organiques, tels sont les permanganates alcalins, et, d'autre part, ceux qui par leur présence activent l'oxydation : tels sont l'argile et le charbon.

Nous nous bornerons à examiner les résultats fournis par les composés des deux dernières catégories, et nous réserverons pour le chapitre suivant les réactifs pouvant précipiter une partie des matières en suspension et en dissolution, tout en désinfectant les eaux.

Acide phénique. — Les propriétés anti-septiques de la créosote et du goudron de houille (*coaltar*) sont connues de longue date. On a constaté récemment que ces propriétés étaient communes à leurs dérivés, la benzine et l'acide phénique. Ce dernier corps, dont l'eau, à la température de 15° à 18°, peut dissoudre 5 pour 100 de son poids environ, a déjà rendu des services importants, tant pour dissiper les miasmes que pour prévenir les effets de la fermentation putride. L'acide phénique ou carbolique découvert par Runge dans le goudron de houille, coagule l'albumine et empêche qu'elle ne devienne soluble, de même qu'il coagule le sérum et les autres matières organiques. Versé dans les eaux d'égout, il s'oppose au dégagement des gaz carbonique et sulfhydrique, car il prévient l'oxydation des matières et par suite leur décomposition.

D'après Angus Smith, il faut environ 60 grammes d'acide phénique par 300 personnes et par jour, pour désinfecter les égouts, soit une dépense annuelle d'environ 320,000 francs pour une population de 2 millions et demi d'habitants. La quantité d'acide se règle sur le poids de matières solides par litre et non pas sur le volume d'eau.

Un avantage que présenterait l'acide phénique, par rapport aux autres désinfectants inorganiques, c'est qu'à moins d'être employé à trop forte dose, il ne produit aucun effet nuisible sur les récoltes. Ainsi, les matières organiques, après avoir été traitées par ce corps qui les soustrait à l'oxydation à l'air libre, et une fois enfonies dans le sol qui absorbe l'oxygène atmosphérique, entrent de nouveau en décomposition.

Le fluide Mac Dougal proprement dit, consiste en un mélange de sulfite de chaux et d'acide phénique, il remplit, d'après son inventeur, deux objets importants : 1° il prévient toutes émanations malfaisantes et protége ainsi l'atmosphère des villes contre tous miasmes; 2° il accroît la valeur des liquides au point de vue agricole en s'opposant à la déperdition de l'ammoniaque.

A Carlisle, où les eaux des égouts conduites hors la ville par des canaux à ciel ouvert servent à l'arrosage d'une cinquantaine d'hectares de prés, M. Mac Dougall emploie avec succès depuis 8 ans, à la désinfection de ses eaux, un liquide tenant 2 % de chaux et 1 % d'acide phénique. Le mélange préparé dans un réservoir spécial est écoulé lentement dans le puits où débouchent les eaux, avant leur épandage.

M. Fenton, ingénieur de la ville de Croydon, a rendu compte des essais de désinfection faits avec divers réactifs, entr'autres avec le fluide Mac Dougall. Le volume d'eau débité par le collecteur général était, par 24 heures, d'environ 3,200 mètres cubes en temps sec et de 6 à 7,000 mètres cubes en temps de pluie. Deux caisses en bois, enduites intérieurement de plâtre et d'une contenance de 2,000 litres chacune, servaient à préparer le mélange. On jetait dans l'eau de chaque caisse 10 kil. de chaux vive et 30 litres d'acide phénique. Le robinet de décharge placé à $0^m,04$ du fond, permettait de ne soutirer que le liquide surnageant. L'écoulement ne se faisait dans chaque caisse alternativement qu'autant que le liquide était bien clair. A partir de 8 heures du matin jusqu'à 5 heures de l'après-midi on descendait de 4 à 3 litres par minute ; enfin on ne laissait plus couler passé 5 heures que 2 litres jusqu'à épuisement, au niveau du robinet, du contenu de la caisse que l'on remplissait d'eau immédiatement avec le mélange d'eau et d'acide.

La consommation pour 3200 mètres cubes d'eau d'égout était donc de

> 100 litres acide phénique
> 20 kil. chaux vive.

L'ouvrier étant libre à 5 heures, la main-d'œuvre était évaluée à $2^f,50$ par jour.

Les eaux étaient parfaitement désinfectées.

En 1861, d'après M. Fenton, on consommait, 45 litres de phénate de chaux par jour valant $0^f,20$ et représentant avec la main-d'œuvre 12 à 13 francs.

Les essais avec l'acide phénique n'ont pas eu de suite à cause de la trop forte dépense, et la ville de Croydon s'est décidée à filtrer ses eaux par des cloisons en briques et en tôles perforées, dans l'intervalle desquelles on entasse de la paille.

La précipitation des matières par le phénate de chaux, dépend de la proportion de chaux combinée, et sous ce rapport le mélange n'a pas d'effet comparable à celui obtenu avec la chaux ou la magnésie seules. Quant à l'acide phénique isolément employé il masque les émanations sans en détruire le germe. Dans le fluide Mac Dougal, contenant des sulfites, outre le phénate de chaux, l'acide sulfureux exerce une action utile sur l'acide sulf-hydrique et sur les matières azotées, mais il est si peu stable, qu'à moins d'être employé à forte dose, il cesse bientôt d'agir. D'ailleurs, le prix de ces sulfites les rend inabordables pour la désinfection en grand.

Permanganates. — Les manganates et les permanganates de potasse qui contiennent une forte proportion d'oxygène qu'ils abandonnent à la matière organique pour la détruire, constituent un désinfectant très-énergique, des plus précieux. Leur emploi a été breveté en Angleterre par M. Condy, qui livre au commerce des solutions titrées à des prix variables suivant le titre. Le Dr Letheby a constaté que 35 gouttes de la solution titrant 6 pour 100 environ de permanganate suffisent pour désinfecter complètement 1 litre d'eau d'égout de composition moyenne. L'action de ce réactif, comme celle du chlore, est permanente et égale, pour un même poids, à celle du chlorure de chaux ; mais au prix où se vend la solution et en n'employant que 35 gouttes par litre, la dépense annuelle pour purifier les eaux des égouts de Londres atteindrait, d'après le Dr Lettheby, 70 millions de francs !

Charbon. — Le pouvoir absorbant du charbon était connu par De Saussure, et depuis lui, il a reçu maintes applications, surtout dans la fabrication des engrais animaux dont il active la fermentation pour concentrer tous les gaz : ammoniac, hydrogène carboné et sulfuré, etc., de façon à les rendre inodores. Cette propriété a suggéré récemment au Dr Stenhouse l'emploi de caisses ou filtres à charbon pour désinfecter les gaz des égouts, avant qu'ils ne se répandent dans les habitations ou dans l'atmosphère (1).

M. Blyth a fait des essais très-importants sur le charbon de

______

(1) Rapport à la commission des Égouts, par le Dr Letheby, inspecteur médical et M. Haywood, ingénieur de la Cité. Londres, 1862.

tourbe et le coke de Boghead comme matières filtrantes. Les divers charbons essayés avaient la composition suivante :

	Carbone. p. 100.	Cendres. p. 100.	Nature des cendres.
Noir animal . .	10,2	89,8	Phosphate et carbonate de chaux.
Charbon de tourbe	74,1	25,9	Silice , alumine et carbonates.
Coke de Boghead.	36,8	63,2	Silice principalement.

Ni le charbon de tourbe, ni le coke de Boghead ont une grande efficacité, quand on les mélange avec les eaux. Le premier se sature rapidement et tombe au fond , le second surnage pendant quelques semaines (quand il a été mis en poussière) et empêche toute émanation. Tous deux, après avoir été chauffés, rendent à l'atmosphère les gaz méphitiques qu'ils avaient absorbés.

Le charbon de tourbe absorbe près de 2 pour 100 en poids de gaz ammoniac et le coke 0,5 pour 100 seulement ; de même, le charbon de tourbe peut absorber 4 fois plus de gaz sulfhydrique que le coke de Boghead.

Quant à leur action sur les matières dissoutes dans les eaux, voici les résultats obtenus en faisant passer 1000 parties en volume, d'eau des égouts de Tottenham (Londres) sur 1000 parties en poids des deux charbons.

	MATIÈRES EN DISSOLUTION		
	organiques ,	minérales ,	total.
Eaux naturelles, avant filtrage.	3,6	6,9	10,5
Id. après filtrage sur le charbon de tourbe. . . .	3,1	9,4	12,5
Id. après filtrage sur le coke de Boghead	3,6	6,8	10,4

Ainsi, aucun de ces charbons ne sépare des matières en dissolution ; au contraire, le charbon de tourbe en ajoute. Le charbon qui absorbe l'ammoniaque à l'état de gaz dans l'air, ne jouit pas de cette propriété, du moins à un degré utile pour l'ammoniaque en dissolution.

Une propriété très-précieuse, remarquée par M. Blyth, c'est que le coke de Boghead qui surnage sans se mélanger avec les liquides, en active considérablement l'évaporation, tout en condensant les gaz qui s'en échappent; de sorte qu'il est utilisable pour dessécher les produits.

MM. Hoffmann et Witt ont également expérimenté avec le charbon de tourbe. Dans deux caisses de même forme et de même contenance avec fond à claire-voie, recouvert d'une couche de gros gravier, on avait disposé dans l'une, une couche de sable de 0^m,30 d'épaisseur, dans l'autre, une couche de coke de tourbe de 0^m,30 également. Dès la mise en train des deux filtres, l'influence du charbon fut visible; car, tandis que l'eau filtrée sur le sable était trouble et odorante, bien qu'elle eût abandonné une partie des matières en suspension, l'eau filtrée sur le charbon était devenue limpide, incolore et à peu près inodore. Deux heures plus, tard les différences étaient encore les mêmes; mais au bout de quatre heures, le liquide filtré sur le charbon était devenu trouble, tandis que l'autre avait conservé le même aspect.

Le filtre à sable avait reçu, 353 litres d'eaux d'égout, et le filtre à charbon, 367 litres.

Les résultats de l'expérience sont consignés dans le tableau suivant :

	MATIÈRES CONTENUES DANS UN LITRE		MATIÈRES SÉPARÉES DANS UN LITRE	
	minérales.	organiques.	minérales.	organiques.
Eaux d'égout avant le filtrage.	1,106	0,906	•	•
Id. après 2 heures de filtrage sur le charbon.	0,689	0,179	0,417	0,727
Id. après 4 heures. "	0,910	0,496	0,196	0,410
Id. après 2 heures de filtrage sur le sable .	0,730	0,458	0,376	0,448
Id. après 4 heures "	0,832	0,459	0.274	0,447

Il ressort de ce tableau que si le charbon est plus efficace dans le principe que le sable, il devient moins efficace après un certain temps, car son action décroît rapidement.

L'analyse du charbon avant et après le filtrage indique pour 100 :

	Avant.	Après.
Azote.	»	2,032 = 2,467 ammoniaque.
Acide phosphorique .	0,55	0,120 = 0,260 phosphate de chaux.
Matière organique .	95,72	94,069
Cendres	4,28	—

Par le brassage avec les eaux, le charbon de tourbe absorbe peut-être plus de matières que par le filtrage, mais son action est de moindre durée. A Croydon, où l'on avait essayé de mélanger les matières retenues par les filtres avec du charbon de tourbe, on n'obtint que des résultats négatifs comme enrichissement de l'engrais.

Filtres d'Uxbridge. — Le Conseil municipal d'Uxbridge, contraint à ne laisser décharger les égouts dans la rivière Colne qu'après en avoir épuré les eaux, fit établir en 1857 un grand bassin voûté où les eaux déposent, puis s'écoulent dans des caisses remplies, sur une épaisseur de 0m,90, de charbon de tourbe en morceaux de 0m,07 à 0m,10. Le dépôt du bassin s'enlève à l'aide de rables par une porte située à l'une des extrémités et s'étend en couches peu épaisses sur le sol de l'usine, où on le recouvre de poussier de charbon, de cendres ou d'argile, pour le vendre ensuite aux fermiers des environs. Ce premier essai n'ayant pas réussi à désinfecter les eaux de la rivière, un second procès fut intenté et un second bassin voûté fut construit. La surface des filtres a été portée à 15 mètres carrés par bassin ; ce qui est encore insuffisant. La dépense annuelle en charbon s'élève à 1750 fr. ; la main-d'œuvre à 1500 fr. ; soit au total à 3,250 fr. Les filtres sont nettoyés environ toutes les semaines. L'engrais sec, mélangé avec les cendres et balayures de la ville est livré à 6 fr. la tonne, et la quantité vendue avec peine, varie annuellement entre 180 et 200 tonnes. Comme le charbon une fois saturé perd son action oxydante, il n'agit plus à Uxbridge que comme matière filtrante, et à ce titre il pourrait être avantageusement remplacé par des scories, des cailloux ou du gravier.

Argile et sable. — La propriété désinfectante de l'argile est mise à profit depuis des siècles. En Chine, on mélange avec les matières fécales un tiers en poids environ d'argile grasse, on pétrit le tout en gâteaux qui forment pour toutes les grandes villes, sous le nom de *tafo*, un important objet d'exportation.

À Ély (comté de Cambridge) M. Burns, ingénieur de la municipalité, a appliqué l'argile à la désinfection des eaux des égouts. Avec une tonne d'argile il pouvait désinfecter 600 mètres cubes de liquide; mais il calculait que pour des liquides très-chargés de matières azotées, il en fallait le double. Les eaux des égouts débouchant dans le puits collecteur rencontraient un filet d'eau argileuse venant d'un bassin supérieur et entraient dans un réservoir où elles se filtraient *per ascensum* à travers une couche de sable et de charbon de bois. La matière déposée dans ce réservoir et dans le filtre était recueillie dans des bacs contenant un mélange d'argile en poudre sèche et de charbon de tourbe ou de cendres. Les gaz méphitiques du puits étaient appelés par un foyer où ils se brûlaient. La chaleur de ce foyer servait en outre à dessécher l'argile et le charbon destinés au mélange des bacs. Depuis 1860, M. Burns a combiné l'emploi de la chaux avec l'argile et nous décrivons sa nouvelle installation pour la ville d'Ély dans le chapitre suivant.

L'action du sable comme matière filtrante et absorbante est notoire. Nous avons indiqué (p. 33) les résultats comparatifs des expériences faites par M. Hoffmann sur un filtre à sable et un filtre à charbon. Les grandes Compagnies des eaux potables à Londres, recourent à des lits de cailloux, de gravier et de sable, disposés suivant un certain ordre, à travers lesquels les eaux filtrent sous une pression variable. Les dispositions de ces filtres dans lesquels le sable ne joue pas qu'un rôle mécanique, mais bien celui d'absorbant des gaz, ont dû être abandonnées partout où elles ont été essayées pour les eaux d'égout, car au bout d'un temps très-court, la couche de vase qui engorge le sable ne livre plus passage aux eaux.

Désinfection par le sol. — D'ailleurs, la faculté d'absorption de l'argile et du sable est attestée par celle du sol. Les cimetières de chaque ville reçoivent des quantités énormes de matières organiques avant que les émanations ne soient sensibles. Les exemples que nous citerons de l'application des eaux d'égout à l'arrosage d'une même surface pendant plus de cent ans, confirmeront ces résultats, aussi surprenants par la rapidité avec laquelle les gaz sont fixés, que par la perfection de ce mode d'épuration. En effet, les terres arables n'agissent pas seulement comme les matières poreuses pour condenser l'ammoniaque et les autres gaz, mais elles ont la propriété de décomposer beaucoup de sels, outre les sels ammoniacaux. Cette action sur les composés salins, indiquée et expliquée par divers auteurs, a été l'objet de travaux remarquables de la part de MM. T. Way et A. Voelcker. M. Way opérant sur des sols de composition connue, avec ou sans matières organiques, renfermant, l'un des traces de carbonate de chaux, l'autre 6 pour 100, les a traités respectivement par des dissolutions concentrées d'ammoniaque, de carbonate, de chlorhydrate, de sulfate d'ammoniaque; de carbonate, d'azotate et de sulfate de potasse; de chaux, de bicarbonate et de biphosphate de chaux; de magnésie, etc. Il a reconnu que ces sels se décomposaient pour les premières portions, en filtrant à travers une épaisseur de $0^m,50$ des sols essayés. Les alcalis restent, et on retrouve seulement dans le liquide filtré les acides, azotique, chlorhydrique et sulfurique combinés avec une certaine quantité de chaux ou de magnésie. L'ammoniaque et la potasse sont absorbés ainsi que l'acide phosphorique (1).

Le Dr Voelcker a vérifié ces résultats en déterminant les échanges de nature diverse qui ont lieu entre les éléments du sol et ceux des sels dissous. Quelques-unes des conclusions de son mémoire sur les propriétés chimiques des sols, méritent d'être rapportées ici, parce qu'elles donnent la clef des résultats observés dans l'emploi des engrais liquides (2).

---

(1) *Journal of the Royal Agric. Soc. of England*, t. XI, 1850.
(2)   Id.   id.   t. XXI, 1860.

Les sols employés aux essais avaient la composition suivante, d'après l'analyse mécanique :

	TERRES				
	calcaire.	sableuse fertile.	argileuse forte.	sableuse stérile.	à paturage
Eau	1,51	"	3,91	"	2,42
Matière organique et eau de combinaison. . . .	11,08	4,38	4,80	5,36	11,70
Carbonate de chaux	10,82	"	"	"	"
Chaux, magnésie, potasse, etc. .	"	1,37	2.19	0,25	1,54
Argile	52,06	18,09	78,13	4,57	48,39
Sable	24,53	76,16	10,97	89,82	35,93
	100,00	100,00	100,00	100,00	100,00

Tous les sols jouissent de la faculté d'absorber l'ammoniaque en dissolution dans l'eau; les sols sableux en absorbent autant que les sols argileux; ceux des terres à pâturage, riches en matières organiques, en retiennent moins que les sols plus pauvres; mais la différence d'absorption entre les différentes variétés est moindre qu'on ne le croit généralement. Quelque faible que soit la solution, l'ammoniaque n'est pas entièrement fixée, il en passe toujours dans le liquide filtré. Aucun sol ne peut fixer entièrement l'ammoniaque; bien que les solutions faibles soient relativement plus épuisées et bien qu'un sol, après avoir enlevé à une solution faible la plus grande partie de l'ammoniaque, puisse en absorber de nouveau au contact d'une solution plus forte.

Indépendamment de l'ammoniaque, les sols enlèvent ce corps en certaine quantité aux dissolutions de sels ammoniacaux. Si l'on fait passer une solution de sel ammoniac ou de sulfate sur un sol, l'ammoniaque seule est absorbée et les acides carbonique et sulfurique filtrent après s'être combinés avec la chaux ou avec les autres matières minérales.

Dans aucun cas, l'ammoniaque n'est fixée d'une manière assez complète et assez permanente, pour empêcher que l'eau n'en dissolve de nouveau une portion. Mais cette portion est très-faible par rapport à celle qui est fixée.

Le liquide, après filtrage des solutions de sels ammoniacaux, contient une plus forte proportion de matières *minérales* que si l'on eut fait passer seulement de l'eau pure.

Des eaux d'égout après filtrage à travers certains sols argileux tenant de la potasse, renfermaient plus de potasse qu'avant d'être filtrées, et la même quantité d'acide phosphorique.

Ces résultats, nous le verrons, sont confirmés par l'application en grand des arrosages.

3. — PRÉCIPITATION.

Les agents susceptibles de précipiter les matières solides contenues dans les eaux d'égout ont été déjà énumérés. La plupart ont été essayés, mais un petit nombre seulement ont résisté à l'épreuve de la pratique industrielle. A part la chaux, qui est encore généralement appliquée dans la plupart des villes où l'on désinfecte les eaux d'égout, des sels, tels que les phosphates de chaux et de magnésie, l'alumine, le sulfate d'alumine et le perchlorure de fer n'ont donné lieu qu'à des applications expérimentales.

Quoi qu'il en soit, leur action repose, pour tous également, sur la coagulation et la précipitation des matières en suspension; de sorte que des eaux putrides, visqueuses, incapables de s'épurer par le repos, acquièrent momentanément un certain degré de limpidité et alors ne répandent plus dans l'atmosphère des gaz méphitiques.

Nous décrirons d'abord les expériences faites avec ces réactifs, puis les applications tentées dans diverses localités, le plus souvent dans le but de réduire les dépenses, par la vente de l'engrais résultant de la précipitation.

Chaux.

Expériences de Manchester. — Ces expériences furent entreprises en 1856, sous la direction de MM. A. Smith, Calvert et Mac Dougall, pour purifier les eaux de la rivière Medlock. La chaux était mélangée à l'aide d'agitateurs mécaniques, dans des bassins spéciaux. Pour les eaux les plus chargées, 20 kilogrammes de chaux suffisaient à l'épuration complète de 100 mètres cubes; et pour les eaux moins chargées, 12 kilogrammes de chaux donnaient un bon résultat. Afin de diminuer la consommation de chaux, on essaya de traiter par de la chaux ayant déjà servi, une nouvelle quantité d'eaux, et on parvint en augmentant suffisamment la dimension des réservoirs à ne plus employer que 3 kilogrammes de chaux par 100 mètres cubes. Les eaux qui contenaient en moyenne $0^{gr},17$ de matières solides par litre, n'en renfermaient plus après l'épuration que $0^{gr},05$. Les eaux, bien que limpides, avaient néanmoins une légère odeur qui augmentait par le repos.

Expériences sur les eaux des égouts de Londres. — 1. MM. Hoffmann et Witt ont traité ces eaux à raison, de $0^{gr},285$ de chaux par litre. La chaux avait été éteinte préalablement avec $0^{lit},50$ d'eau d'égout. Après une heure, le liquide était devenu assez clair; mais après 3 heures de repos, il était encore louche. La totalité des matières en suspension n'avait pas été précipitée, et les matières déposées n'étaient pas entièrement dépourvues d'odeur. D'ailleurs, la chaux paraît plus efficace quand les eaux ont été récemment recueillies.

	MATIÈRES PAR LITRE.	
	minérales.	organiques.
Eaux d'égout après épuration. . .	$0^{gr},794$	$0^{gr},573$
Proportions de matières précipitées.	0 ,229	0 ,694

Le dépôt analysé donna :

Pour 100.

Azote.	1,55 = 1,88 ammoniaque.
Acide phosphorique.	2,93 = 6,35 phosphate de chaux.
Matière organique .	43,95

En rapportant le prix de ces éléments à ceux du guano valant 275 fr. la tonne, MM. Hoffmann et Witt évaluaient à 48 fr., la tonne de dépôt provenant de ces eaux, exceptionnellement chargées de matières.

2. M. Way a repris ces essais et il a constaté que 20 à 22 kil. de chaux suffisaient pour désinfecter 100 mètres cubes d'eaux d'égout. Les analyses suivantes reproduisent les résultats du traitement des eaux de l'égout de Northumberland, puisées en mars 1859.

| | | MATIÈRES PAR LITRE | | |
		avant l'épuration.	après l'épuration.	précipitées.
Matière organique { soluble .		0^{gr},2770	0^{gr},2760	0^{gr},505
{ insoluble .		0 ,5580	"	
Chaux		0 ,1445	0 ,1320	0 ,213
Magnésie		0 ,0202	0 ,0134	0 ,003
Soude		0 ,0570	0 ,0322	
Potasse		0 ,0522	0 ,0542	0 ,014
Chlorure de sodium		0 ,3766	0 ,3494	
Acide sulfurique		0 ,0762	0 ,0854	0 ,016
Id. phosphorique		0 ,0375	0 ,0064	0 ,029
Id. carbonique		0 ,1284	0 ,0740	0 ,127
Silice, oxyde de fer, etc. . .		0 ,0884	0 ,0032	0 ,085
		1^{gr},8160	1^{gr},0262	0^{gr},992
Ammoniaque		0 ,100	0, 107	0 ,040

Il résulte de ces analyses :

1° Que la chaux ne précipite que la matière organique insoluble, qu'une simple filtration eut séparée.

2° Que l'ammoniaque contenue dans le précipité provient uniquement de la matière organique insoluble, et que la chaux ne fixe aucune partie de l'ammoniaque soluble.

3° Que la potasse soluble n'est pas fixée.

4° Que les 5/6es de l'acide phosphorique sont précipités.

Le traitement des eaux par la chaux n'ajoute donc aucun élément fertilisant, à l'exception de l'acide phosphorique, au dépôt séparé par simple filtrage. D'ailleurs, ce dépôt desséché a la composition suivante :

Matière organique (1)	50,95
Chaux	21,30
Magnésie	0,36
Acide carbonique	12,83
Acide sulfurique	1,60
Acide phosphorique	3,10
Sable, etc.	9,86
	100,00

Il faut, en outre, tenir compte de 10 pour 100 d'eau, ce qui diminue d'autant la valeur agricole de ce produit.

Phosphate de magnésie.

Le procédé de Sir James Murray consiste à séparer, par l'addition du superphosphate de magnésie, l'acide phosphorique et l'ammoniaque des eaux d'égout, à l'état de phosphate ammoniaco-magnésien. Or, ce sel est loin d'être insoluble, car il se dissout dans 45000 parties d'eau pure et dans 7000 parties seulement d'eau tenant des sels ammoniacaux. Dans les eaux des égouts de Londres, où l'analyse accuse la présence par litre de 0^{gr},0265 d'acide phosphorique à l'état soluble et de 0^{gr},0028 à l'état insoluble, on n'obtiendrait que 0^{gr},06 de sel ammoniaco-magnésien. Or, cette quantité de sel ne peut se déposer dans un litre d'eau susceptible d'en dissoudre 0^{gr},15. Il ne se fait donc aucun précipité.

On a proposé de diminuer l'action dissolvante de l'eau d'égout en y ajoutant de l'ammoniaque libre, mais alors il faudrait dépenser 40 francs d'ammoniaque pour extraire l'acide phosphorique de 1 mètre cube d'eau d'égout, soit pour obtenir 0^{r},80 de phosphate.

---

(1) Contenant 4,03 d'ammoniaque.

Les essais que MM. Blanchard et Château ont répétés avec l'acide phosphorique obtenu par leur procédé, sur les eaux d'égout à Londres n'ont eu, par cette raison, aucun résultat.

Phosphate de chaux et de magnésie.

M. Way, se conformant au brevet Blyth, a traité 1 mètre cube d'eaux de l'égout de Northumberland (Londres) par une quantité de superphosphate (phosphate de chaux soluble) correspondant à 450 gr. d'acide phosphorique, et par 270 gr. de sulfate de magnésie. Il ajouta ensuite assez d'eau de chaux pour précipiter le tout. Les résultats de ce traitement sont consignés dans le tableau ci-après :

	MATIÈRES PAR LITRE		
	avant l'épuration.	après l'épuration.	précipitées.
Matières organiques { en suspension	0^{gr},3476	0^{gr},4828	0^{gr},5745
{ en dissolution	0 ,1754		
Chaux	0 ,1786	0 ,3018	0 ,3673
Magnésie	0 ,0226	0 ,2653	0 ,0336
Soude	0 ,0343	0 ,0723	
Potasse	0 ,0472	0 ,0542	0 ,0184
Chlorure de sodium	0 ,4884	0 ,4683	
Acide sulfurique	0 ,0912	0 ,6047	
Acide phosphorique	0 ,0353	0 ,1796	0 ,3084
Acide carbonique	0 ,1677	0 ,0713	0 ,0873
Sable, silice, oxyde de fer, etc.	0 ,0921	0 ,0214	0 ,1159
	1^{gr},6814	2^{gr},5817	1^{gr},5054
Ammoniaque	0 ,112	0 ,110	0 ,059

Ainsi, tandis qu'un tiers de l'acide phosphorique reste dans le liquide filtré, la petite quantité d'ammoniaque fixée n'est due qu'à la matière organique en suspension.

M. Way a analysé le précipité :

Matière organique (1).	. . . . . .	38,09
Chaux	. . . . . .	24,32
Magnésie . .	. . . . . .	2,23
Acide phosphorique	. . . . . .	20,45
Acide carbonique .	. . . . .	5,79
Silice, sable, oxyde de fer, etc.	. .	9,12
		100,00

Sulfate d'alumine.

La précipitation par le sulfate d'alumine, mélangé avec la chaux s'opère très-rapidement ; c'est là le caractère distinctif des sels d'alumine (2), mais le liquide renferme encore des matières organiques et n'est pas désinfecté. MM. Hoffmann et Witt ont constaté les résultats de ces deux réactifs par l'analyse (3) :

	MATIÈRES PAR LITRE	
	minérales.	organiques.
Eaux avant l'épuration. .	1^{gr},018	1^{gr},266
Id. après l'épuration . .	0 ,746	0 ,536
Matières séparées. . . .	0 ,302	0 ,730

Composition du précipité :

Azote.	1,24 = 1,44 ammoniaque.
Acide phosphorique.	3,97 = 8,60 phosphate de chaux.
Matière organique .	35,97

---

(1) Contenant 2,24 d'ammoniaque.

(2) Nous avons déjà rendu compte de l'emploi de l'argile et des schistes alumineux pour la désinfection des eaux vannes en Chine (page 35). En Égypte, on a recours de longue date à l'alun pour clarifier les eaux limoneuses du Nil. — Suivant d'Arcet (*Annales des Ponts et Chaussées* 1836, t. XI), 0^{gr},50 d'alun par litre suffisent pour rendre ces eaux limpides au bout d'une heure. — D'après Genieys (*Annales id.*, t. IX, 1835), avec 10^{gr} par hectolitre, l'effet est immédiat. On continue à expédier annuellement d'Angleterre des quantités notables de ce sel pour la clarification des eaux potables, tant en Australie qu'en Égypte, etc.

(3) Ces chimistes n'indiquent pas les proportions de sulfate d'alumine et de chaux employées.

M. Way a recommencé ces essais, d'après le brevet Stothert, en ajoutant au sulfate d'alumine et à la chaux un peu de sulfate de zinc et du charbon de bois. Pour 1 mètre cube d'eau, il employa 1 kilogramme sulfate d'alumine, 50 grammes sulfate de zinc et 1 kilogramme charbon de bois en poudre. Après avoir brassé ces matières, on introduisit dans le liquide 300 grammes de chaux éteinte. Les résultats de l'opération sont rapportés dans le tableau ci-dessous :

	MATIÈRES PAR LITRE		
	avant traitement.	après traitement.	précipitées.
Matières organiques { en suspension .	0^{gr},2125	0^{gr},3078	1^{gr},7353
organiques { en dissolution .	0, 5858		
Chaux.	0 ,2098	0 ,3026	0 ,1920
Magnésie	0 ,0259	0 ,0258	0 ,0117
Alumine	—	0 ,0109	0 ,1418
Oxydes de zinc et de fer . . .	0 ,0376	0 ,0143	0 ,1266
Soude	0 ,0342	0 ,0322	
Potasse	0 ,0509	0 ,0533	0 ,0071
Chlorure de sodium	0 ,3225	0 ,3210	
Acide sulfurique.	0 ,0713	0 ,4576	
Acide phosphorique	0 ,0821	traces	0 ,0552
Acide carbonique	0 ,1272	"	0 ,1208
Silice	0 ,1555	0 ,0035	0 ,1502
	1 ,9450	1 ,5290	2 ,5407
Ammoniaque.	0 ,120	0 ,119	0 ,485

Ces résultats diffèrent peu de ceux du traitement à la chaux ; le précipité a seulement perdu de sa valeur par suite de l'addition d'une quantité notable de charbon et d'alumine. La totalité de l'acide phosphorique y est toutefois précipitée, sans doute, à l'état de phosphate d'alumine.

La composition pour 100 du précipité est indiquée comme suit :

Matière organique (1). . . .	68^{gr},20
Chaux.	7 ,11
Magnésie	0 ,46
Alumine	5 ,56
Oxydes de fer et de zinc . . .	4 ,98
Acide phosphorique	2 ,17
Acide carbonique	4 ,75
Silice, etc.	6 ,68
	100, 00

Chlorure de chaux.

Le chlore et ses composés oxygénés agissent en se combinant avec l'hydrogène des gaz et aussi peut-être, en décomposant l'eau ; cette décomposition met alors en liberté l'oxygène qui détruit les miasmes. Labarraque avait constaté le premier, l'énergie du chlorure de chaux pour la désinfection des liquides et des atmosphères limitées ; ce composé est entré depuis dans l'usage journalier. Le Dr Letheby a vérifié sur les eaux d'égout le pouvoir désinfectant du chlore et du chlorure de chaux. Ainsi 0^{gr},10 de chlorure ou 5 à 6 grammes d'une dissolution de chlore, suffisent pour enlever toute émanation à 1 litre d'eau d'égout.

En admettant qu'on n'emploie que 0^{gr},10 de chlorure de chaux par litre, il faudrait dépenser annuellement près de 5 millions de francs pour purifier les eaux de la ville de Londres. Le prix du chlorure le met donc hors de cause.

Perchlorure de fer.

Quand on verse du perchlorure de fer dans les eaux d'égout, il se forme un précipité qui se dépose rapidement. Ce précipité, qui consiste surtout en peroxyde de fer, n'est pas dû, comme pour les agents précédemment indiqués aux acides, mais aux

---

(1) Renfermant 1,89 d'ammoniaque.

bases des sels préexistant ou en formation dans le liquide. Il renferme à peu près la totalité de l'acide phosphorique des eaux et l'acide sulfhydrique à l'état de sel insoluble, mais peu ou point de matière organique et d'ammoniaque en dissolution.

L'emploi du perchlorure de fer, qui remplit donc aussi parfaitement que possible le but de la désinfection instantanée, ne répond pas d'une manière aussi satisfaisante au programme agricole. Ainsi, d'une part, précipitation rapide, fixation stable de l'hydrogène sulfuré, séparation très-nette des matières solides sans décomposition des liquides. D'autre part, un dépôt de phosphate de fer et de sels alcalins, sans azote, pouvant servir de base à une fabrication d'engrais, mais ne constituant pas par lui-même un engrais.

L'action du perchlorure de fer est démontrée, d'ailleurs, par les nombreuses expériences de MM. Hoffmann et Frankland et de M. Way.

MM. Hoffmann et Frankland chargés par le Conseil métropolitain d'indiquer parmi les nombreux projets qui lui étaient adressés, un procédé à la fois efficace et économique de désinfecter les matières des égouts, ont fait porter leurs investigations sur la chaux, le chlorure de chaux et le perchlorure de fer. La conclusion de leurs recherches est que la désinfection peut être effectuée par l'un ou l'autre de ces agents, mais qu'en prenant des quantités de valeur égale, le perchlorure de fer l'emporte d'une manière marquée sur les deux autres, et que le chlorure de chaux est plus puissant que la chaux, non-seulement comme action immédiate, mais comme permanence d'effet produit.

A l'issue de l'égout de *King's Scholar's Pond*, on fit construire des bassins en briques, rendus étanches par du ciment et pouvant contenir plus de 30 mètres cubes de liquide. Une pompe à vapeur introduisait les liquides dans les bassins et les divers réactifs y étaient incorporés soit graduellement, pendant le remplissage, soit en les versant après coup dans la masse liquide et les brassant mécaniquement. D'un nombre suffisant d'expériences ainsi conduites, il résulte que chacun des trois réactifs opère une désinfection immédiate de 30 mètres cubes de liquide, quand on les applique dans les proportions suivantes :

Perchlorure de fer (1). . $2^{lit},25$ soit par 1^m cube $0^{lit},065$
Chlorure de chaux . . . . $1^{kil},35$ »   » $0^k,040$
Chaux . . . . 36^{lit} »   » $1^{lit},100$

D'après les prix de chacun de ces produits, un millier de mètres cubes d'eau exigeait comme dépense de désinfection :

65^{lit} par le perchlorure de fer. . . . $9^{fr},25$
40^{kil} par le chlorure de chaux . . . 11 ,88
110^{lit} par la chaux. . . . . 18 ,45

Pour juger de la permanence de la désinfection, trois quantités égales de matière ont été recueillies et traitées respectivement par le perchlorure de fer, le chlorure de chaux et la chaux. Après désinfection parfaite, on a laissé reposer. Après deux jours, le liquide désinfecté par la chaux, commençait à répandre de l'odeur, tandis que celui traité par le chlorure de chaux était parfaitement inodore. Après trois jours, le liquide à la chaux était nauséabond ; tandis que les deux autres liquides étaient sans odeur. Après quatre jours, le liquide à la chaux dut être rejeté ; celui au chlorure de chaux commença à se corrompre. Le liquide au perchlorure de fer était complètement inodore, même après le long intervalle de neuf jours.

Un autre élément important dans l'estimation de la valeur relative des agents, est le temps nécessaire pour la clarification. Sous ce rapport, le perchlorure de fer a encore l'avantage.

En supposant que le traitement soit appliqué par le perchlorure de fer, à la totalité des eaux recueillies dans les réservoirs de Barking Creek et de Crossness Point (Londres), MM. Hoffmann et Frankland ont calculé que pendant la saison la plus chaude de l'année, environ trois mois, la dépense s'élèverait à environ 300,000 francs.

Des calculs fondés sur d'autres expériences permettaient à la Commission de 1864 d'évaluer à 75 francs la dépense journa-

(1) MM. Hoffmann et Frankland n'indiquent pas la teneur en fer de ce sel, qu'ils emploient à l'état de solution concentrée (*Muriate de fer de Dates*) ; mais il est probable qu'ils entendent ici le sel à l'état sec.

libre nécessaire à l'épuration par le perchlorure de fer de 5000 mètres cubes d'eaux d'égout, sans tenir compte des frais d'exploitation (1).

D'après M. Way, il faudrait de 20 à 40 grammes d'une solution de perchlorure tenant 25 p. 100 de sel pour clarifier et désinfecter complètement 100 litres d'eaux des égouts de Londres ; soit de 5 à 10 grammes de perchlorure solide, ce qui représente environ le chiffre désigné par MM. Hoffmann et Frankland.

La solution de perchlorure qui a servi à M. Way à traiter 1000 litres d'eaux des égouts de Croydon contenait 25 pour 100 de ce sel, correspondant à 8,60 de fer métallique. Les résultats de l'analyse avant et après le traitement ont été :

	MATIÈRES PAR LITRE	
	avant le traitement.	après le traitement.
Matière organique	0^{gr},1312	0^{gr},1398
Chaux	0 ,1604	0 ,1223
Magnésie	0 ,0193	"
Soude	0 ,0209	"
Potasse.	0 ,0155	"
Chlorure de calcium	"	0 ,0613
— de magnésium	"	0 ,0432
— de sodium	0 ,0796	0 ,1321
— de potassium	"	0 ,0248
Acide phosphorique.	0 ,0092	traces.
Acide sulfurique.	0 ,0489	0 ,0508
Acide carbonique	0 ,0680	0 ,0245
	0^{gr},5590	0^{gr},5988
Ammoniaque	0 ,0331	0 ,0332

(1) *Second Report of the Commission on Sewage.* London 1861.

Ainsi cet agent, d'après ces essais, ne sépare pas de matière organique ni l'ammoniaque contenue dans les eaux d'égout.

On a essayé à Croydon, qui représente une ville moyenne, pourvue d'une bonne distribution d'eau et d'une canalisation récente, le traitement des eaux par le perchlorure. La quantité maximum de ce sel, 20 grammes, était employée entre 9 et 11 heures du matin, et entre midi et 2 heures, à d'autres heures l'eau était relativement peu chargée et 6 grammes suffisaient. Toutefois, la dépense étant trop forte, la ville a dû abandonner l'usage de ce réactif (1).

Le perchlorure de fer est, en effet, un sel coûteux, que l'on ne peut actuellement se procurer en grandes quantités. M. Way propose de le fabriquer industriellement avec du sel commun, de l'oxyde de fer et de l'acide sulfurique mélangés en proportions équivalentes, de façon à ce qu'il y ait assez de chlore pour se combiner avec le fer et assez d'acide sulfurique pour se combiner avec la soude. Si l'opération est bien conduite, il se perdra peu d'acide chlorydrique; le produit est une substance dure, jaunâtre et non déliquescente, dont le prix de revient s'établirait ainsi, en prenant pour base, par exemple, les prix de Marseille :

Sel marin. . . .	10ᵗ	à 14ᶠʳ	. .	140ᶠʳ
Acide sulfurique .	8,36 —	70	. .	585
Oxyde de fer. . .	7,60 —	30	. .	228
Houille.	6, » —	25	. .	150
Main-d'œuvre 35 jours.	—	4	. .	140
Frais généraux à raison de 15 fr. par tonne de produit et amortissement			. . . .	210
			Total,	1453ᶠʳ

(1) Les résultats des essais de M. Way et de M. Croydon sont en contradiction avec les expériences du Dʳ Koeno, entreprises devant une Commission spéciale à Bruxelles, le 17 janvier 1863. Quelques gouttes de perchlorure de fer mélangées à de l'eau recueillie dans l'égout de la rue du Rempart-des-Moines, à Bruxelles, produisent, après quelques minutes, une précipitation presque complète des matières et le liquide clair qui surnage est désinfecté. M. Heyvaert, chimiste, chargé d'analyser les ma-

soit fr. 1453 pour 14 tonnes de perchlorure de fer solide, ou environ 100 francs la tonne. La valeur du sulfate de soude cristallisé ne peut pas entrer en compte, car il serait toujours souillé par du fer et impropre aux verriers. Le chiffre de la main-d'œuvre est basé sur celui de la fabrication de la soude brute, ainsi que celui du charbon ; ce dernier devra être augmenté, si l'on considère qu'il faudra évaporer, après le dépôt du sulfate de soude hydraté, les lessives de perchlorure.

Si l'on employait à la désinfection le produit brut qui, dans le traitement proposé par M. Way, ne renferme que 26 pour 100 de perchlorure, il faudrait dépenser au moins 30 francs par tonne de ce produit.

Il est possible que le perchlorure solide puisse être livré à des prix plus bas, surtout si, d'après M. Boblique, on l'obtenait comme *résidu* du traitement du phosphure de fer par le chlore, pour l'extraction du phosphore. Jusque-là, il n'y a pas lieu de compter sur un emploi plus étendu de ce désinfectant, d'autant plus que le précipité ne peut avoir comme engrais qu'une valeur restreinte, vu sa nature ferrugineuse.

Sels divers.

On a cherché à traiter les eaux par divers mélanges des réactifs énumérés : chaux, phosphate, acide de chaux, dolomie, chlorures alcalins, en les introduisant successivement dans les eaux, en prolongeant plus ou moins la durée de leur action, en forçant les doses ; sans qu'on ait réussi à fixer plus d'azote que n'en fixe la chaux employée seule, et sans que les eaux soient entièrement clarifiées. Quoi qu'on ait tenté, le sulfate d'ammoniaque reste dans les eaux et se perd, tandis que le produit

tières précipitées, aurait trouvé 0,40 pour 100 d'azote et 30 de phosphate de fer ; il estime la valeur de l'engrais à 160 francs la tonne. En se fondant sur ces expériences, le Dr Koene n'a pas craint de proposer de se charger de désinfecter les eaux provenant des collecteurs avant de les rendre à la Senne, moyennant 20,000 francs par an, et la disposition des engrais ainsi produits.

solide ne renferme que 30 pour 100 de l'azote total des eaux.
L'addition du perchlorure de fer permet seul de faire disparaître immédiatement le trouble ; mais la question de prix ne
laisse pas entrevoir que cet emploi combiné avec la chaux, par
exemple, puisse entrer dans la pratique.

IV. — APPLICATIONS DES PROCÉDÉS D'ÉPURATION.

Cheltenham. — Cheltenham offre l'exemple d'une des applications les plus économiques du traitement des eaux d'égout
par la chaux. Les dispositions adoptées ont été reproduites,
avec quelques modifications seulement, par les villes de Coventry, de Stroud, de Chelmsford, etc.

Les égouts de la ville de Cheltenham, dont la population de
40,000 âmes est répartie sur une surface de 1200 hectares,
débouchent sur deux points opposés où l'on a construit deux
établissements pour l'épuration des eaux. Le principal établissement (pl. 2.) consiste en un bâtiment divisé sur sa longueur
en deux séries de bassins qui fonctionnent alternativement.
Ces bassins sont établis dans le sous-sol. Les eaux passent des
bassins supérieurs aux bassins inférieurs, à travers des filtres
verticaux où elles abandonnent la plupart des matières en
suspension. Les filtres ont $1^m,50$ de profondeur et $0^m,60$ d'épaisseur ; ils sont formés de gros gravier resserré entre des planches
perforées de $0^m,05$ et recouvertes de claies qui empêchent
l'obstruction.

Les matières les plus lourdes tombent au fond, mais une
grande partie reste à l'état flottant et n'est séparée que par la
cloison du troisième bassin dans lequel on traite le liquide par
la chaux. Dans le canal qui sert d'émissaire à ce dernier bassin
on ajoute une nouvelle quantité de chaux et le liquide traverse
un filtre de gravier, puis un second filtre de gravier plus fin
avant de déboucher finalement dans la petite rivière Chelt.

Quand le dépôt s'est élevé à la hauteur voulue dans les bassins, on détourne les eaux dans l'autre série, ce qui a lieu tous
les deux mois environ. On lave alors le gravier des filtres en

chômage et on opère le curage à l'aide de seaux que l'on élève au-dessus du plancher des bassins, au niveau du sol. Les seaux sont vidés dans des brouettes et les brouettes sont culbutées dans des tas de cendres, de boues et d'autres détritus provenant du nettoyage de la ville, que l'on a préalablement disposés en forme de cuvettes. La pâte fluide est presque aussitôt solidifiée; car le mélange se fait au râble au fur et à mesure qu'une nouvelle brouette est amenée sur le tas. On fait ainsi absorber aux cendres et aux boues sèches jusqu'à deux tiers de leur volume de matières fluides. Le produit annuel atteint de 2,000 à 2,500 mètres cubes d'engrais solide et sec.

La dépense en chaux est d'environ 20 francs par semaine. Le bâtiment de l'usine principale a coûté 30,000 fr. Le volume d'eau traité est de 1500 mètres cubes par 12 heures. Les cendres, boues, etc., coûtent 0ᶠ,80 le mètre cube. La main-d'œuvre par mètre cube d'engrais est de fr. 2,50 à fr. 2,70.

Jusqu'en 1857, le Conseil municipal avait fixé la valeur de l'engrais à 3 francs le mètre cube; mais par suite de la consommation toujours croissante, on éleva le prix alors à fr. 4,50 qui couvrait les frais de l'établissement. Plus tard, afin d'écouler promptement le produit, on dut revenir au prix primitif.

Cette fabrication ne donne lieu à aucune plainte dans le voisinage. Dans nos fréquentes visites, pendant notre résidence de deux années à Cheltenham, nous n'avons remarqué aucun dégagement, ni dans les eaux écoulées, ni dans les matières brassées sur le sol de l'usine. Notre ami, M. Dangerfield, ingénieur de la ville, qui avait construit cette usine et adopté à notre instigation le traitement à la chaux, se proposait d'ajouter des réservoirs où les eaux se seraient dépouillées des dernières parties de chaux en suspension avant d'être rejetées à la rivière. Nous ignorons si ce perfectionnement a été apporté depuis la mort de M. Dangerfield.

Coventry. — À Coventry, les eaux du bassin de dépôt s'échappent latéralement, à travers un filtre de gros gravier de 0ᵐ,60 d'épaisseur, dans un second bassin de plus petites dimensions, puis, à travers un deuxième filtre, dans un troisième bassin où l'on ajoute de la chaux. Bien que l'état de la rivière

se soit beaucoup amélioré depuis la création de cet établissement, les liquides des égouts à cause des dimensions trop petites des bassins et de la faible consommation de chaux, ne sont
pas encore assez complètement désinfectés. Du reste, ces liquides
sont exceptionnellement chargés de matières solides dues au
lavage des laines et aux teintureries.

Les bassins qui forment deux séries ne sont pas surmontés
de bâtiments comme à Cheltenham, mais simplement voûtés
et le pavé de niveau avec le sol, porte un tramway sur lequel
circule une petite grue roulante qui sert à manœuvrer les seaux
au-dessus de chaque regard. L'atelier et le dépôt de chaux sont
situés à l'extrémité du réservoir transversal.

L'ingénieur, M. Creatorex, établit de la manière suivante le
prix de la construction et les dépenses annuelles.

<pre>
Prix d'acquisition du terrain (1ʰᵉᶜᵗ,6) et de
    construction de la voie . , ... fr.   13,900
Constructions diverses . . . . »   94,100
                                               ─────────────
                                          Fr.   108,100
                                               ═════════════
Intérêt du capital à 6 p. 100 . . . , . . »   6,480
Frais d'exploitation (moyenne de 3 années). »   4,300
                                               ─────────────
                                          Fr.   10,780
</pre>

à déduire :

<pre>
Quantité moyenne d'engrais vendus (1122
    tonnes plus 600ᵗ en magasin) au prix de. »   2,800
                                               ─────────────
                                    Reste, fr.   7,980
</pre>

ce qui constitue par habitant une charge de 0ᶠ,185, pouvant
descendre, par la vente de la totalité de l'engrais, à 0ᶠ,14.

Stroud. — L'établissement de Stroud est éloigné de toutes
habitations, de sorte que les bassins sont à ciel ouvert. Du premier bassin de dépôt, les eaux du collecteur se rendent, à
travers une digue diagonale de pierres et de cailloux, dans un
deuxième, bassin d'où elles sortent latéralement par deux filtres
de gravier de 0ᵐ,90 d'épaisseur chacun, et débouchent dans le
bassin de défécation. Le lait de chaux préparé sous un hangar

latéral tombe dans le liquide au sortir des filtres. Un dernier filtre sépare le précipité avant l'écoulement à la rivière.

Les deux séries de bassins construits par l'ingénieur M. Taunton, ont coûté 28,000 francs. Les eaux sont chargées, comme à Coventry, des substances provenant du désuintage des laines, des draperies et teintureries qui font de la ville de Stroud un centre manufacturier important. Malgré cela, l'engrais précipité est peu recherché.

Chelmsford. — L'émissaire à Chelmsford est à un niveau trop bas pour que les eaux puissent filtrer par leur pente naturelle. On a utilisé, en conséquence, les machines déjà installées pour la distribution des eaux potables. L'arbre de ces machines commande deux pompes de 33 centimètres qui puisent les eaux dans un puits de 3^m de profondeur et les déversent dans une conduite en fonte de $0^m,30$ aboutissant, à 300 mètres de distance, à des réservoirs dont le radier est à la cote de 3 mètres au-dessus de l'émissaire. Les pompes marchent de 6 heures du matin à 7 heures du soir, quel que soit le débit du collecteur.

D'après les calculs de M. Chancellor, ingénieur, ce débit varie entre 800 et 1000 mètres cubes par jour.

Comme il y a une double rangée de bassins, on y dirige alternativement le courant des eaux. En A (pl. 3), un petit mur barre le passage aux matières lourdes; en B, le liquide tenant les matières en suspension rencontre une série de plaques de tôle perforées qui arrêtent encore une partie des matières solides. En C, se trouvent des filtres de tôles perforées, écartées de $0^m,60$, entre lesquelles on tasse du mâchefer. De ces filtres, le liquide est amené par trois tuyaux sur un point où coule un filet d'eau de chaux. Le mélange s'opère dans le second compartiment et, après précipitation, les eaux entrent dans un filtre horizontal C′ formé de plaques perforées, recouvertes d'une couche de mâchefer de $0^m,46$ d'épaisseur, où le filtrage a lieu de bas en haut. Le liquide qui surnage coule limpide à la rivière.

Une rangée de bassins fonctionne pendant six ou huit semaines; dès que le dépôt atteint, dans le premier compartiment, une épaisseur de $0^m,45$ on fait fonctionner l'autre rangée. Avec une pompe à main, on enlève autant de liquide que possible dans les compartiments en vidange. Autour de chacune des vannes H, H, de la paroi latérale, on forme un talus avec les détritus des chaussées, boues, cendres, etc.; et au fur et à mesure que la pâte fluide s'écoule par une vanne, on l'incorpore avec ces matières.

La quantité d'engrais vendu annuellement ne dépasse guère 400 tonnes. Le prix a été abaissé de 3 fr. 75 à 3 fr. sans que la consommation ait augmenté sensiblement.

Les dépenses de construction se sont élevées à 80,000 fr. : pompes, conduites, bassins et filtres, mais non compris les machines déjà installées pour les eaux potables, ni le terrain.

Les frais annuels se décomposent ainsi :

Un manœuvre, à 15 fr. par semaine . . .	fr.	780
Combustible, fr. 8,75 id. . . .	»	455
Chaux, pendant l'été	»	200
	Soit fr.	1,435

non compris les frais d'entretien.

Enfin la recette annuelle est de

400 mètres cubes d'engrais à fr. 3,10	fr.	1,240
moins		
200 mèt. cub. de cendres, boues, etc., à fr. 1,25.	»	250
	fr.	990

En tenant compte de l'intérêt du capital remboursable en 30 ans, l'épuration des eaux de la ville de Chelmsford représente, d'après l'ingénieur de la ville, une charge annuelle de 0f,30 par habitant.

Bien que la chaux ne soit employée que pendant la saison d'été et que les eaux, au sortir du compartiment à la chaux, pourraient être utilement déversées dans un autre bassin de dépôt avant d'être filtrées, l'installation de Cheltenham, imitée à Coventry, à Stroud et à Chelmsford, paraît résoudre économiquement le problème hygiénique. Au point de vue agricole, l'engrais composé de détritus, cendres et boues de la ville, ne gagne pas beaucoup en valeur par l'addition des matières déposées ou précipitées dans les eaux d'égout. Mais on parvient aisément à se débarrasser de ce compost dans un rayon de quelques kilomètres; ce qui n'est pas le cas avec les matières non mélangées des filtres.

On comprendra, d'après cette remarque, l'insuccès des procédés qui ont pour but la fabrication d'un engrais complet exclusivement avec les seules matières solides des eaux d'égout, et notamment des procédés Higgs et Wicksteed, que nous allons décrire.

PROCÉDÉ HIGGS. — M. Higgs proposait, devant la Commission parlementaire de 1846, d'établir, à l'issue des collecteurs, trois réservoirs couverts, d'une capacité suffisante pour contenir chacun le volume maximum des eaux débitées pendant douze heures. Une vanne ouvre ou intercepte à volonté toute communication entre les réservoirs et le collecteur. Sur un tramway longitudinal, un waggonet rempli de chaux ou de tout autre réactif à l'état pulvérulent ou fluide, circule et déverse son contenu, par un regard, dans chaque bassin. Après l'introduction de la chaux, les produits volatils, tels que l'ammoniaque et l'hydrogène sulfuré, sont appelés dans une chambre supérieure où, en présence du gaz chlore, ils forment du soufre et du chlorhydrate d'ammoniaque.

Le précipité, après avoir séjourné quelques heures dans le bassin, est mis à sec par décantation ou par épuisement; recouvert de plâtre ou de toute autre substance susceptible de se combiner avec l'ammoniaque et les autres gaz, puis comprimé ou séché artificiellement.

Deux des bassins sont affectés au traitement des eaux pendant douze heures; le troisième aux crues exceptionnelles.

M. Higgs, sans avoir encore appliqué son procédé, attribuait une valeur de 100 francs par tonne à l'engrais obtenu; en même temps qu'il faisait valoir l'innocuité des eaux rejetées et des gaz répandus finalement dans l'atmosphère.

En 1849, une usine, d'après le système Higgs, fut établie sur l'un des principaux collecteurs de la cité, à Londres; mais elle ferma deux années plus tard. Une autre usine, à Cardiff, eut le même sort.

Tottenham. — Enfin, la ville de Tottenham (10,000 habitants) traita avec une Compagnie chargée d'appliquer ce procédé. L'usine construite par la Compagnie se composait d'un bassin de 200 mètres cubes dans lequel s'écoulaient les eaux du collecteur; d'une machine à vapeur de 8 chevaux (cylindre $0^m,25$; course, $0^m,40$) qui élevait les eaux dans 4 réservoirs en tôle de 50 mètres cubes chacun.

Un lait de chaux était versé dans le liquide à son entrée dans les réservoirs, puis mélangé à l'aide d'agitateurs. On employait une partie de chaux pour quatre parties de matières solides. Ces matières, d'après M. Higgs, représentaient $1/500^e$ du volume liquide; la proportion de sable n'y figurait que pour 1,5 pour 100.

Les réservoirs remplis, on laissait le dépôt s'effectuer pendant une demi-heure et on écoulait le liquide. Le précipité n'était extrait qu'après sept ou huit opérations successives.

Les gaz dégagés, surtout pendant le curage des réservoirs, étaient appelés au contact du chlore, dans une chambre supérieure.

Aucun des procédés adoptés pour dessécher le précipité ne réussit. En dernier lieu, on essorait le fluide dans un tambour tournant avec une grande vitesse, d'où le produit tombait sur une série de plaques chauffées par un foyer spécial.

Le prix de l'engrais fixé d'abord à 100 francs, puis à 50 et enfin à 25 fr. la tonne, ne trouva pas de débouché. L'usine fut fermée après deux années de travail et la ville, en 1861, la rachetait à la C^e pour le dixième de sa valeur. On se borne aujourd'hui à retirer ce dépôt des réservoirs et à épurer par la chaux les liquides décantés, avant de les perdre dans la rivière Lee.

A *Luton*, où une autre usine avait été établie primitivement, d'après le système Higgs, on filtre les liquides et on emploie une roue hydraulique pour élever les eaux au sortir du collecteur, de même que pour les agiter mécaniquement avec le lait de chaux.

Procédé Wicksteed. — Les brevets de M. Wicksteed datent de 1854 et de 1856 ; fondés sur les mêmes réactions que celles indiquées par M. Higgs, ils sont de beaucoup postérieurs aux brevets de ce dernier.

Leicester. — Après un essai sur les eaux d'un collecteur correspondant à une population de 5000 individus, le procédé Wicksteed fut appliqué, en mai 1855, à Leicester, ville de 65,000 âmes. Le Conseil municipal, obligé par décision supérieure de désinfecter les eaux des égouts, avant de les jeter à la rivière Soar, avait traité avec la Cie *Solid Sewage Manure*, lui abandonnant la totalité des eaux, à la condition que cette Cie, à ses risques et périls, fît les travaux nécessaires pour les élever et les désinfecter. La canalisation de la ville venait d'être terminée et amenait au collecteur de 4 à 5 millions de mètres cubes par an, d'eaux assez riches, par suite de l'industrie du tissage qui constitue l'élément principal de la prospérité de Leicester.

La Cie s'établit à 1 kilomètre et demi au-dessous de la ville, sur le bord de la Soar.

Le collecteur y débouche dans un puits ; une machine à vapeur de 20 chevaux (cylindres $0^m,63$; course $2^m,35$) élève les eaux par une pompe de $0^m,70$ de diamètre au niveau des réservoirs. Une autre petite pompe, commandée par la même machine, verse dans la conduite-maîtresse alimentée par la première pompe, une certaine quantité de lait de chaux préparé dans une citerne spéciale. Cette quantité réglée par des robinets, varie entre $0^{gr},25$ et $0^{gr},005$ par litre, suivant la nature des eaux et la consistance du lait. Des agitateurs à palettes brassent le mélange dans une caisse étroite et longue d'où le liquide sort lentement, par des ouvertures horizontales, dans un réservoir en maçonnerie de 60 mètres de longueur sur 13 mètres de largeur, divisé en deux compartiments, à une distance de 15 mètres du point de départ, par une série de châssis verticaux et mobiles. Ces châssis en toile métallique sont destinés à retenir les corps en suspension. La vitesse du liquide, qui n'est plus que de $0^m,006$ à $0^m,008$ par seconde, permet aux sept-huitièmes environ du dépôt floconneux de se déposer dans le premier compartiment. Dans la partie comprise entre les agitateurs et les châssis, le réservoir est recouvert d'une voûte plate formant plancher. Le radier est formé de deux parties inclinées vers le milieu, où elles se réunissent en une rigole, dans laquelle une vis d'Archimède de 0^m,90 de diamètre entraine la pâte vers un puisard. La profondeur du réservoir est ainsi de 1^m,50 le long des parois, et de 4^m,50 au milieu.

A l'aval, des petits diaphragmes, ou vannes, laissent le liquide épuré s'écouler par tranches minces à la rivière.

Une chaîne à godets élève les boues du puisard dans une des deux citernes situées à l'étage supérieur, à 6 mètres au-dessus du sol. Comme à Tottenham, la difficulté consistait à débarrasser ces boues du liquide en excès. M. Wicksteed s'est arrêté à l'emploi d'essoreuses à force centrifuge qui enlèvent les deux tiers de son poids d'eau à 200 kil. de matière, après un quart d'heure de révolution. Ces essoreuses, au nombre de 12, font 1000 tours par minute.

Plus tard, pour diminuer la dépense de ce mode de séchage, M. Wicksteed employait une presse consistant en une série de plateaux à toile métallique et placée à l'étage inférieur.

La pâte, au sortir de la presse ou des toupies essoreuses, était découpée, moulée à l'état de briquettes, et mise à sécher.

Une machine de 8 chevaux mettait en mouvement les agitateurs, la vis et la noria. Chaque toupie était conduite par une petite machine horizontale à cylindre oscillant. Une seule chaudière fournissait la vapeur à ces diverses machines. Le personnel de l'usine comprenait, outre le mécanicien et le chauffeur, 3 ouvriers aux essoreuses, 1 briquetier, 5 ou 6 manœuvres.

La Cie, en 1856, avait dépensé, tant en installations qu'en essais, une somme de 700,000 fr. pour traiter annuellement 5 millions de mètres cubes d'eau, d'où elle extrayait en moyenne 4500 tonnes d'engrais solide. Le prix, fixé en 1856, à 50 fr. la tonne, dut être baissé de moitié en 1857, sans plus de résultat au point de vue de la vente de l'engrais. En 1858, la Cie, en présence d'un stock considérable, abandonnait son usine à la municipalité, qui s'est bornée depuis à faire épurer les eaux à la chaux, sans traiter la matière solide.

Quelques éloges qu'ait mérités l'installation de Leicester que l'on a été jusqu'à comparer à celle de la sucrerie indigène, l'échec commercial du procédé Wicksteed a ses raisons :

1° L'opération reposait sur la vente à un prix élevé d'un fertilisant renfermant moitié de son poids de chaux et un quart seulement de l'azote total existant dans les eaux; encore, cet azote était-il à l'état insoluble. Ainsi, l'analyse faite par le Dr Voelcker sur les briquettes, n'indique que 0,60 pour 100 d'azote égal à 0,72 d'ammoniaque et 0,25 pour 100 de phosphate (1). Il est utile de reproduire cette analyse en regard de celle de M. Hervé-Mangon (2).

ANALYSE DE M. VOELCKER.		ANALYSE DE M. H. MANGON.	
Eau	11,52	Eau	12,00
Matière organique (3)	12,46	Produits volatils . . .	19,65
Silice insoluble . . .	13,50	Résidu insoluble. . .	13,25
Carbonate de chaux. .	52,99	Chaux	45,75
Oxyde de fer et alumine	2,89	Alumine, phosphate et	
Carbonate de magnésie.	3,67	fer	8,25
Sulfate de chaux. . .	1,76	Magnésie	traces
Chlorure de sodium . .	0,45	Azote	1,10
Potasse.	0,27		
Phosphate de chaux .	0,27		100,00
	99,77		

D'après son analyse, M. Mangon considère l'engrais de Leicester comme équivalent à 2,750 kil. de fumier frais dosant 0,4 p. 100 d'azote, ou bien à 73k,3 de guano dosant 15 p. 100 d'azote. Et comme le guano valait 300 fr. les 100 kil., l'engrais Leicester

____

(1) *Metrop-Drainage*. July. 1857.

(2) *Ann. des Ponts et Chaussés*. 1856.

(3) Azote = 0,60 = ammoniaque 0,72.

devait valoir 22 francs; en faisant abstraction toutefois des frais
de transport considérables et du mode d'action différent de ces
fertilisants. Or, l'analyse du Dr Voelcker lui assigne la moitié
de cette valeur au point de vue de l'ammoniaque; d'ailleurs
l'ammoniaque, nous l'avons démontré (1), n'est pas le seul
élément qui détermine la valeur d'un engrais et l'expérience
des agriculteurs a suffi pour prouver l'inefficacité de l'engrais Wicksteed, au prix même de 10 fr. la tonne.

2° L'opération était grevée de frais beaucoup trop considérables, eu égard au résultat définitif. M. Wicksteed a publié
l'état des dépenses faites pendant l'année 1858 (2), d'où il ressort que, pour traiter 4,800,000 mètres cubes d'eau, soit 13,000
mètres cubes environ par 24 heures, ou 200 litres par jour et
par habitant, il avait été payé pour

500 tonnes de chaux	fr. 9,250
Main-d'œuvre pour l'extraction et le mélange de la chaux	» 1,950
Combustible	» 650
Main-d'œuvre aux machines, outillage, etc.	» 1,900

Total, fr. 13,750

soit 0^f,21 par an et par habitant, ou 0^f,30 par 1000 mètres cubes
d'eaux épurées. Mais il n'est tenu aucun compte de l'intérêt du
capital dépensé, ni des frais d'entretien, ni de la fabrication
des briquettes, ni du travail des essoreuses, etc. Les chiffres
posés par M. Wicksteed ont donc été non-seulement dépassés,
mais il est inadmissible, comme il l'a proposé, de songer à
traiter les eaux d'une population de 500,000 âmes avec un capital de 1 million de francs, pour en extraire un engrais valant
de 3 à 5 francs la tonne.

Les éloges n'ont pas manqué au procédé Wicksteed comme
résultat hygiénique, bien que les émanations fussent souvent
sensibles aux abords de l'usine, et que les eaux écoulées à la

---

(1) *Fabrication et emploi des phosphates de chaux, en Angleterre.*
(2) Lettre au *Times*, 19 mars 1860.

rivière contiennent plus des trois quarts de l'ammoniaque total.
Ces éloges auraient été plus justement décernés à l'ensemble
des travaux d'assainissement de la ville. Les poissons ont pu
revenir, depuis l'application du procédé Wicksteed, dans les
eaux de la Soar, d'où la corruption des eaux d'égout les avait
chassés, mais ce résultat a été obtenu ailleurs par des dispositions beaucoup moins coûteuses que celles de Leicester.

Dans notre opinion, l'application de Leicester, dont on avait
songé à recommander l'adoption pour des villes importantes,
fournit l'argument le plus sérieux contre l'idée sans cesse mise
en avant de retirer des eaux d'égout un engrais solide, ayant
une valeur commerciale ou agricole.

Aujourd'hui, on se borne, à Leicester, à pomper les eaux et
à les épurer moyennant une dépense annuelle de 30 à 35,000 fr.
Les grosses eaux se rendent directement à la rivière. Plus de
5000 maisons sont en communication directe avec les égouts;
et les nouveaux collecteurs reçoivent les eaux des autres maisons par les anciens égouts. Parmi les établissements on compte
10 teintureries et 230 usines. L'engrais se vend 2 francs le mètre
cube (1); ce qui est loin du compte de M. Wicksteed.

Dans d'autres localités, on a traité les eaux par la chaux
additionnée d'autres sels.

Bristol. — M. Blackwell, ingénieur, chargé par l'administration
du *worckouse* (hospice) de Clifton, de purifier les liquides de cet
établissement, a essayé pendant quelque temps d'un mélange de
sulfate de fer et de chaux. Dans un bassin de 50 mètres cubes
environ, il faisait verser la chaux, puis après agitation, le sulfate
de fer. Dans un second bassin, les eaux étaient abandonnées au
repos avant de couler à la rivière Froome. Le mélange s'opérait
deux fois par jour; chacun des deux réservoirs se vidant une
fois par 24 heures. L'installation a coûté 15.000 fr.; la consommation de réactifs a été de 200 kil. de chaux et de 120 kil. de

____

(1) *Report on Sewage*, 1866.

vitriol par semaine. Les frais se sont élevés annuellement, y
compris le combustible nécessaire à une petite machine à vapeur
de 2 chevaux, à . . . . fr.   2,350
auxquels il convient d'ajouter l'intérêt et l'entretien, soit   1,100
                                                        ____
                                              Fr.   3,450

Le curage des réservoirs a lieu tous les mois, mais le vitriol
étant nuisible à la vente de l'engrais, on n'emploie plus, depuis
1860, que de la chaux.

Ely. — Dans l'usine d'Ely, reconstruite en 1860 (voir page 35),
le lait d'argile mélangée de chaux coule d'une manière continue
dans le conduit qui amène les liquides du collecteur et les
rejette sur un filtre monté sur galets qui peut glisser haut et bas
dans une chambre rectangulaire élevée, servant à la fois de
cheminée pour la ventilation (pl. 4). Lorsque la caisse-filtre est
remplie de pâte fluide, on la monte par un treuil jusqu'à l'étage
supérieur où se trouve le séchoir, et on la remplace aussitôt
par un autre filtre que l'on descend au-dessous du niveau de
l'émissaire. Le séchage consiste en un mélange de la matière
fluide avec 2 parties de charbon de bois, 1 partie de plâtre et
4 de boues ou cendres sèches.

On recueille par cette disposition la plus grande partie de la
matière précipitée avant qu'elle n'entre en décomposition; de
sorte que l'eau, dans les bassins à filtrer, ne fermente plus aussi
rapidement. Le filtrage ultérieur a lieu *per ascensum* à travers
trois couches 1° de plâtre en morceaux (0^m,15 d'épaisseur);
2° de charbon de bois (0^m,30 d'épaisseur); de plâtre fin (0^m,15).
Les filtres *cc* ainsi établis, qui représentent une surface de
2 à 3 décimètres par litre de liquide, durent six mois sans être
renouvelés. Le charbon provient de la sciure de bois calcinée.

L'engrais Burns se vend 12^{fr},50 la tonne, mais les agriculteurs
se plaignent de ce qu'il est trop complètement désinfecté.

Procédé Stothert. — Ce procédé, qui a donné lieu aux expériences consignées page 43, a été appliqué pendant bien des
années à l'un des principaux collecteurs de Londres, dans
le Strand, sans donner lieu à aucune plainte de la part du
voisinage; toutefois il n'a pas trouvé d'imitateurs par les raisons que nous avons données.

Procédé Herapath. — Le brevet Herapath consiste à traiter les eaux par un mélange de sulfate de fer et de dolomie calcinée. Il a été appliqué pendant quelque temps à St-Thomas, près d'Exeter, dans les bassins construits par la ville à la sortie du collecteur principal. En employant 1 de vitriol et 4 de dolomie, l'inventeur évaluait la dépense par tonne, y compris la main-d'œuvre, le combustible, etc., à 21 francs. Une tonne de matières fournissait 2 tonnes d'engrais sec. L'entrepreneur, faute de capital, dut renoncer à l'application du brevet, et la ville a finalement adopté l'épuration à la chaux.

Procédé Manning. — Ce procédé, appliqué à Edimbourg et à Liverpool, repose sur l'action combinée des schistes alunifères, du sulfate de fer et du noir animal. Ces agents, employés à proportions égales, représentent une dépense de 9 fr. par tonne. Le mètre cube d'eau est désinfecté au prix de 0^f,025. L'engrais, d'après les analyses du Dr Penny, de Glascow, est très-efficace et la désinfection est parfaite; mais ce procédé n'est utilisable que pour des établissements publics ou particuliers.

Procédé Dover. — D'après le brevet Dover, les eaux sont traitées par l'acide chlorhydrique, le sel marin et le sulfate de fer, puis filtrées sur du plâtre, du charbon ou de l'argile que l'on incorpore finalement avec le précipité. Nous ignorons si ce brevet a reçu quelque application en grand.

V. — IRRIGATION PAR LE SYSTÈME TUBULAIRE.

Il reste à examiner la solution la plus importante du problème posé : l'utilisation des eaux des égouts ou mieux leur désinfection par le sol. Cette application, qui a reçu la consécration de plusieurs siècles dans certaines localités, n'a été reprise que dans ces dernières années, grâce aux progrès de la chimie et de la physiologie, grâce aussi aux observations des agriculteurs éclairés.

L'engrais liquide ou purin des étables et des écuries, connu en Suisse sous le nom de *gulle*; en Allemagne, de *mist-wasser*, et dans le nord de la France, sous le nom de *lizier*, est, de longue date, recueilli dans des citernes souterraines où il fermente, puis répandu sur le sol, soit à la main à l'aide d'écopes, soit avec des tonneaux.

L'emploi des vidanges fraîches, encore aujourd'hui l'objet de grands préjugés, se pratique également d'ancienne date dans les départements de la Flandre, en Alsace, dans le Dauphiné et en Italie.

Enfin, dès le moyen-âge, la Vettabia a recueilli les eaux des égouts de Milan, pour en féconder des vastes prairies, et cette même méthode introduite, depuis plus d'un siècle, aux environs d'Edimbourg, permet de fertiliser des terres autrefois sans valeur.

Ces divers exemples de l'application de l'engrais liquide ne s'étaient guère généralisés, bien que les recherches physiologiques eussent démontré que la végétation s'active d'autant plus que le sol fournit aux plantes une plus grande quantité de substances assimilables. On finit toutefois par en conclure que les éléments immédiatement solubles dans l'eau étaient plus facilement assimilés : de là, la pensée de ramener les engrais à l'état liquide et de les répandre, en profitant de cet état physique qui facilite le transport et l'épandage sur le sol.

En 1839, M. Chadwick, secrétaire du premier *Board of Health*, proposait, comme Fellenberg l'avait pratiqué trente ans auparavant pour l'arrosage des prairies par infiltration, de faire circuler les liquides des égouts et des vidanges, à travers des tuyaux de poterie, de manière à fertiliser la couche inférieure du sol arable. Smith de Deanston, qui avait fait, avec assez de succès, des essais sur l'emploi des matières fécales fraîches, visitait, en 1844, les prés de Craigintenny, à Edimbourg, et comme membre du *Board of Health*, suggérait, de son côté, l'emploi des eaux d'égouts de toutes les villes. Ses calculs l'amenaient à croire que le revenu assuré par cette irrigation suffirait non-seulement pour couvrir les dépenses d'une canalisation plus complète des égouts, mais encore pour exécuter, sans charges nouvelles, la plupart des autres travaux d'assainissement.

Smith proposait d'arroser « à l'aide de tuyaux ajustés bout

» à bout et munis d'une lance à l'extrémité, sous une pression
» de 40 mètres de hauteur, partout où l'irrigation ne pouvait
» se faire par les moyens connus. » Dans sa pensée, l'engrais
liquide des villes possédait la moitié de la valeur du guano
et représentait une somme de 25 francs par habitant et par an.

Ces hypothèses, ces appréciations si l'on veut, avaient un
aspect de vraisemblance séduisant dont M. Chadwick s'empara
aussitôt pour développer une théorie sans doute entachée
d'exagération, mais qui se résumait ainsi : « L'engrais liquide,
» dans toutes les circonstances, est préférable à l'engrais so-
» lide; il est applicable avec avantage à toutes les cultures
» et à tous les sols. De même que les villes, qui perdent
» journellement des milliers de mètres cubes d'eaux chargées
» de principes fertilisants, toutes les exploitations agricoles
» doivent recueillir dans des réservoirs les déjections, les rési-
» dus et les matières organiques, les y mélanger avec l'eau
» dans la proportion de 1 à 4 fois le volume d'engrais solide.
» Une machine élévatoire refoulera le liquide jusqu'à un réser-
» voir supérieur d'où partira un réseau de tuyaux souterrains
» d'un diamètre suffisant pour alimenter des tuyaux mobiles
» et flexibles, terminés par une lance et servant à l'aspersion
» des récoltes. »

Cette théorie coïncidait avec un ensemble d'efforts les plus
louables pour l'assainissement par le drainage, c'est-à-dire en
assurant la double circulation alternative de l'air et de l'eau à
travers le sol. Là où l'empirisme et le hasard avaient procédé à
l'arrangement des conduits souterrains, les promoteurs du
mouvement sanitaire conseillaient aux agriculteurs l'établissement, suivant une pente régulière, de drains communiquant avec
la surface sur la plus grande partie de leur parcours et débouchant finalement dans un fossé collecteur, de façon à développer, par les agents atmosphériques, la fertilité du sol, et à
rendre possible les rotations fondées sur l'alternance des meilleures cultures fourragères. Le drainage, qui régularise le
régime des eaux, qui assainit l'atmosphère, est le complément
indispensable de l'irrigation; il enlève l'eau, tandis que celle-ci
l'amène; il supprime à la fois les eaux pluviales stagnantes

et les eaux torrentielles. Aussi, l'arrosage n'est-il possible qu'à la condition que le sous-sol soit drainé.

Le système *tubulaire*, c'est ainsi qu'on était convenu de l'appeler, devint l'objet de publications nombreuses de la part du *Board of Health* et des organes de la presse acquis au progrès agricole. Des instructions détaillées réglaient les dispositions à prendre pour assurer le succès de cette innovation. Le programme du *Board of Health* était complet : distribution des eaux pures dans les villes ou dans les habitations, perte immédiate des déjections et des eaux infectes dans les égouts ou dans les bassins, arrosage par aspersion des terres en culture.

Les applications du système tubulaire ont été nombreuses. Depuis, elles ont été citées, notamment celles des fermes de l'Écosse et du nord de l'Angleterre, dans maints Rapports et dans maints Traités d'agriculture, à l'appui des théories émises. Mais, il faut le constater, aucune de ces exploitations rurales n'a tenu les brillantes promesses que le système avait fait concevoir; leurs propriétaires ont dû peu à peu abandonner ou modifier l'arrosage par aspersion. M. James Kennedy, qui a donné son nom au système en France, après avoir immobilisé un capital considérable dans la ferme Myer Mill (Ayrshire) célèbre par ses récoltes exceptionnelles de Raygrass, a disparu de la scène. Bien que son successeur paye un fermage plus élevé que le sien et continue, dit-on, à arroser par le système tubulaire, il n'a pas à faire entrer en compte l'intérêt du capital dépensé dans cette somptueuse installation, M. Telfer, de Canning Park, a fait faillite, malgré les soins extrêmes apportés à tous les détails et à la comptabilité de sa ferme, et malgré la prime dont ses produits jouissaient jusques sur le marché de Londres (1). M. Robert Neilson a quitté la ferme de Hale wood, près de Liverpool, pour remplir un emploi d'inspecteur de drainage. M. Huxtable, dont les savantes publications sur l'infériorité de l'engrais solide, avait vivement impressionné le

---

(1) On a payé jusqu'à 0',10 de plus la livre de beurre expédié d'Écosse à Londres par M. Telfer.

public, fut obligé peu à peu de restreindre à deux ou trois hectares de prairies, la distribution des engrais liquides étendue d'abord à toute la ferme de Sulton Waldron (Dorsetshire). Dans la ferme de M. Chamberlaine, luxueusement installée d'après les avis de M. Mechi, pour l'arrosage tubulaire, les conduites ont été relevées et vendues au prix de la vieille ferraille. M. Littledale, à la ferme de Liscard, près de Birkenhead, n'arrose plus que le ray-grass nécessaire aux vaches de sa laiterie, et, depuis longtemps, il a repris pour les autres récoltes, céréales et racines, la fumure au guano et au superphosphate. Reste l'Alderman Mechi, dont le zèle pour l'agriculture est digne de tous éloges, mais qui, après avoir préconisé outre mesure les résultats du système tubulaire appliqué sur 70 hectares de sa ferme de Tiptree Hall (Essex), s'est finalement rangé aux procédés de culture pratiqués anciennement par ses voisins du Norfolk. L'engrais liquide n'est plus employé à Tiptree que pendant la saison sèche, et sur une surface de 6 hectares, principalement en prairie. On conçoit qu'une canalisation correspondant à une dépense de 370 à 500 francs par hectare, servant uniquement à *l'arrosage de 6 à 8 hectares dans un pays où il pleut 150 jours par année, n'indique pas un esprit de sage économie. Aussi,* M. Mechi, ne tenant aucun compte du capital immobilisé en matériel inutile, n'a-t-il pas cessé de recourir au fumier, au guano et aux autres engrais commerciaux pour assurer ses récoltes.

En France, quelques applications d'arrosage par les engrais liquides dans l'Orne, le Pas-de-Calais, etc., ont été abandonnées. La ferme de Vaujours, exploitée depuis 1857 par M. Moll, pour l'épandage des vidanges de Paris par le système tubulaire, a passé en d'autres mains, malgré la subvention et les marques de vif intérêt données par la ville de Paris et le ministre d'agriculture. La Société de Vaujours a dépensé un capital de 200,000 francs en essais infructueux sur environ 90 hectares, et s'est liquidée, sans pouvoir affirmer la supériorité du système tubulaire et de l'engrais liquide.

Ainsi, les théories de M. Chadwick qui substituaient à la fumure ordinaire l'emploi exclusif, pour toutes les récoltes, de l'engrais liquide, ont été successivement jugées par la pratique. Nous n'insisterons pas sur ce qu'elles avaient d'ingénieux, ni sur les services incontestables rendus par leurs promoteurs, et, pour ne pas sortir du cadre de notre travail, nous nous contenterons de décrire les applications du système tubulaire avec les eaux des égouts ; elles sont limitées, du reste, à quelques localités.

COMPAGNIE MÉTROPOLITAINE.

Cette Compagnie s'était fondée en 1845 sous les auspices de MM. Martin et Smith de Deanston « pour conduire les » eaux des égouts de Londres et les distribuer par des » tuyaux, de la manière la plus convenable pour la culture. » Autorisée par acte du Parlement en date de 1846, la Compagnie n'obtint que la concession des eaux du collecteur principal de Westminster, connu sous le nom de King's Scholars' Pond. Elle installa, en conséquence, à Fulham, sur la rive gauche du canal Kensington, une machine à vapeur qui élevait les eaux à 23 mètres. De ce niveau, les liquides étaient distribués par 25 kilomètres de tuyaux, dont les diamètres variaient entre $0^m,35$ et $0^m,10$. Les consommateurs avaient des robinets de prise, à des intervalles déterminés, et moyennant le paiement à la Compagie d'une somme de 215 francs par an, ils avaient la libre jouissance des eaux.

Les jardins de Fulham ainsi desservis sont à peu près exclusivement affectés à la culture maraîchère. M. Lee, inspecteur-général du *Board of Health* a publié en 1851 les résultats de sa visite sur les lieux. Il avait constaté sur les légumes arrosés une croissance plus rapide, une végétation plus luxuriante et souvent une amélioration dans la qualité. Les choux, les concombres, les potirons, le céleri, les salades, se trouvaient très-bien de l'arrosage à la lance, mais à la condition, qu'il ne fût pas suivi de pluies. La différence entre les champs arrosés avec les eaux d'égout et ceux arrosés avec l'eau ordinaire, était très-sensible. Aucune émanation n'était perceptible à l'odorat et la nielle épargnait les récoltes arrosées.

L'avantage le plus notable, d'après M. Lee, résultait de l'application des eaux en temps sec.

Malgré ce rapport favorable, qui témoignait d'une amélioration d'un tiers dans le produit, la Compagnie se liquida. Un capital considérable avait été englouti dans la distribution et dans les dispositions prises pour l'écoulement direct des eaux d'orage. En outre, le district choisi regorgeait d'engrais excellents apportés en retour par les voitures des maraîchers ; de sorte que les eaux des égouts, alors peu chargées de matières fertilisantes, ne pouvaient soutenir une aussi rude concurrence.

RUSHOLME.

En 1853, M. Worsley utilisait les eaux des égouts de la petite ville de Rusholme, près de Manchester, à l'arrosage d'une trentaine d'hectares. Une petite machine à haute pression, commandant deux pompes, élevait les eaux à 10 mètres dans un réservoir d'une contenance de 100 mètres cubes environ, d'où elles se distribuaient par 500 mètres de tuyaux en fonte de $0^m,075$ de diamètre, et des tuyaux en bois, de $0^m,05$ de même longueur. L'épandage à la lance des 70 mètres cubes dont on disposait journellement s'effectuait en 10 heures, sur moins d'un hectare. Les frais d'installation représentaient 416 fr. par hectare et les frais de distribution 121 fr. par hectare pour répandre par an, de 6 à 700 mètres cubes. Cette application n'était pas viable dans ces conditions ; elle fut abandonnée quelques années plus tard.

WATFORD.

En 1854, lord Essex traitait avec la municipalité de Watford pour la jouissance des eaux d'égout, moyennant une redevance annuelle de 375 francs. La ville s'engageait ,pour ce prix, à construire les bassins nécessaires et lord Essex, à installer la machine à vapeur, ainsi que les tuyaux de distribution, sur son domaine de Cashiobury.

La canalisation fut établie sur 85 hectares, mais le volume des eaux fournies par une population de 4000 âmes suffisait à peine à l'arrosage de 20 hectares. En outre, la machine à vapeur, reconnue trop faible, dut être remplacée. Malgré une dépense inutile de 25,000 francs en tuyaux et en machine, lord Essex évaluait les frais de distribution de 270 m. cubes par jour à 0^f,12 en moyenne, et, en tenant compte de l'excédant de dépenses inutiles, à 0^f,07.

Les eaux, pour atteindre Cashiobury Park, ont à parcourir 400 mètres hors de la ville et débouchent dans des bassins où elles sont maintenues en agitation par une pompe à air qui les refoule, sans leur donner le temps de déposer. Les eaux d'orage sont détournées de ces bassins. Le conduit principal a 0^m,90 de diamètre; les tuyaux de distribution et les branchements en fonte, 0^m,06. Ces dimensions, trop petites, ne permettent de répandre que 300 m. cubes par jour au lieu de 450 m. cubes mis à la disposition du concessionnaire. Il n'y a, en outre, qu'une tubulure par hectare et demi.

Depuis 1858, les eaux sont distribuées régulièrement; 60,000 mètres cubes pour l'arrosage de 4 hectares de ray-grass; 40,000 mètres cubes pour 15 hectares de prairies et exceptionnellement pour quelques autres récoltes, telles que le blé, le trèfle, etc.

La dépense par hectare, en calculant sur une distribution de 60,000 mètres cubes à 0^f,10 pour 20 hectares, s'élèverait, d'après lord Essex, à 200 francs. Ce prix est moindre pour les prairies, mais triple pour le ray-grass.

Le volume d'eau nécessaire à chaque récolte est fixé de la manière suivante :

12 à 15,000 mètres cubes par hectare de ray-grass; pour obtenir 4 ou 5 coupes, il convient de ne pas suspendre l'arrosage pendant les mois d'été.

15000 mètres cubes par hectare de prés : 350 à 400 mètres cubes par hectare de céréales.

Les égouts de Watford reçoivent les immondices et les déjections de la ville entière; la distribution d'eau potable représente environ 90 litres par habitant; de sorte que les eaux sont relativement riches.

Lord Essex a rendu compte dans les diverses enquêtes des

résultats agricoles obtenus chez lui. Suivant ses données, le ray-grass profite plus que toute autre récolte de l'arrosage. Sur 3 hectares de ray grass, 13 bœufs ont été engraissés pendant l'été, 8 chevaux et un grand nombre de porcs ont été nourris également en fourrage ; tandis que dans les meilleures terres du Lincolnshire, on ne peut guère engraisser plus d'un bœuf par hectare. Les prairies artificielles offriraient ainsi de grands avantages sur les prairies permanentes, à égalité de volume d'eau répandue. Il convient toutefois, pour les premières, de fumer après 3 ou 4 coupes avec un peu de superphosphate, afin de rétablir la balance ; bien que les effets de l'arrosage après deux saisons consécutives soient perceptibles sur les deux ou trois récoltes suivantes.

L'application des eaux d'égout à la culture du blé n'a été faite à Cashiobury qu'à titre d'essai. Un hectare et demi de blé fut arrosé à partir du mois de mars ; la paille, aussi bien que la graine, avait augmenté et, déduction faite du prix des eaux, l'accroissement de produit par hectare fut évalué à 145 francs. Le temps avait été favorable ; le sol argileux reposant sur du sable, n'avait pas été drainé.

Lord Essex cite aussi l'application avantageuse des eaux d'égout aux mangoldwurzel, aux choux et aux navets, que l'on peut transplanter à l'automne et activer, de manière à obtenir au printemps une nourriture fraîche pour les agneaux, en augmentant d'un tiers le rendement par hectare.

ALNWICK.

La population d'Alnwick était en 1853 de 7,000 âmes environ. Grâce à une bonne distribution d'eaux potables, le débit journalier du collecteur principal était de 450 mètres cubes environ par 24 heures. Le duc de Northumberland, désireux d'appliquer ce volume d'eau à l'irrigation, chargea l'ingénieur Rawlinson, inspecteur du *Board of Health*, d'installer le système tubulaire sur ses propriétés. Comme le collecteur débouchait à peu près au niveau de la rivière Aln, M. Rawlinson fit construire à l'émissaire un réservoir d'une contenance de

80,000 litres correspondant au travail des pompes pendant deux heures. Ces pompes étaient commandées par une machine à vapeur de la force de 8 chevaux. Des tuyaux en fonte furent placés sur une surface de 108 hectares ; les robinets de prise, à 180 mètres d'intervalle. Les dépenses faites en 1855 s'établissaient ainsi qu'il suit :

Frais préliminaires, nivellement	fr.	796,50
Pose des tuyaux, tranchées, etc.	»	1,940,00
Tuyaux en fonte, tubulures, etc.	»	15,100,00
Réservoir au collecteur.	»	768,00
Lignes volantes en gutta-percha.	»	1,500,00
Machine à vapeur de 8 chevaux	»	3,130,00
Pompes et transmission	»	1,155,00
Bâtiment de la machine	»	2,610,50
	Total, fr.	27,000,00

L'arrosage ne commença à fonctionner régulièrement qu'au printemps de l'année 1855 ; mais l'année étant humide et froide les résultats furent médiocres. Dans les années suivantes, la dilution des eaux ne devait pas sensiblement améliorer les résultats ; car la distribution d'eau potable, par suite des améliorations sanitaires du Board of Health avait été insensiblement accrue de 54 à 104 litres par habitant, et le débit des égouts calculé par M. Rawlinson à 450 mètres cubes par 24 heures, avait atteint, en 1856, 900 mètres cubes. Les pompes ne suffisaient plus. Aussi, en 1858, les eaux ne furent élevées que pendant 55 jours, et le duc de Northumberland fit installer de nouvelles pompes au prix de 2,250 francs. Les tableaux suivants indiquent le nombre de jours, à partir de 1858, pendant lesquels l'arrosage a pu être appliqué, la dépense moyenne de la distribution et l'état général des dépenses jusqu'en 1863.

ÉTAT DES JOURNÉES D'ARROSAGE..	1859	1860	1861	MOYENNE
Journées de travail. . . .	104	137 1/4	127 3/4	123
» de mauvais temps .	96	90	115 3/4	100 (1)
» employées en réparation. . . .	84	78 3/4	48 1/2	70 (2)
» de travail de la machine en dehors de l'irrigation .	8	7	19	11 (3)
Dimanches et fêtes. . . .	48	52	54	52

Frais de distribution.

Moyenne
des années
1859 à 1863

Entretien des pompes, chaudières et tuyaux . . . fr. 549,00
Combustible. . . . . » 796,95
Service de la machine . . . . » 514 »
Service du réservoir et de la lance . - . . . . » 453 » .
Graissage et frais divers. . . . . » 48,65
Intérêt du fermier. . . . . » 132 »

Total, fr. 2,493,80

(1) Pendant l'année 1859-1860, longues gelées et neige abondante ; 1860-1861, année favorable ; 1861-1862, très-humide.

(2) Cette perte de temps diminue chaque année.

(3) La machine servait à battre.

	1859-60	1860-61	1861-62
Dépenses de distribution	1701f,85	3002f,50	2277f,15
Id. par hectare	56 ,25	54 ,60	44 ,75
Dépenses totales	3251 ,85	4052 ,50	3327 ,15
Id par hectare	78 ,10	73 ,80	65 , "
Part des dépenses payées par le duc .	2276 ,85	2722 ,90	2129 ,55
Id. par hectare	54 ,60	49 ,60	41 ,60
Part des dépenses payées par les fermiers	975 , "	1329 ,60	1197 ,60
Id. par hectare	23 ,50	24 ,20	23 ,40

La dépense moyenne par hectare s'élevait ainsi, pour 123
jours de travail, à 54fr,22 par jour.

Quoique le Duc eût supporté pendant les trois années, 1859 à
1863 , les deux tiers de la dépense totale, et qu'il abandonnât
toute l'installation en parfait état, ses tenanciers n'ont pas con-
senti à continuer l'arrosage à leurs frais; les résultats, avec des
liquides aussi dilués, n'offrant pas une compensation suffisante
pour les frais d'élévation.

RUGBY.

La ville de Rugby avait été une des premières à suivre les recommandations du *Board of Health*. L'eau pure distribuée dans
les maisons par des pompes à vapeur retourne par les éviers
et les water-closet aux égouts qui aboutissent à un réservoir
où des pompes les reprennent pour les distribuer sur le sol.
Le débit des égouts correspondant à une population de 8000
individus, est d'environ 1000 mètres cubes par jour. Les eaux
d'orage sont détournées du réservoir, vers la rivière Avon.
En 1853, M. Walker faisait poser près de 9 kilomètres de tuyaux
sur 190 hectares de terrains arrosables, soit 47 mètres environ
par hectare. Ces tuyaux avaient 0m,15 et leurs branchements

0^m,07. Les robinets de prise au nombre de 66, représentaient une prise pour 3 hectares; à chaque robinet correspondaient 120 mètres de conduits en gutta-percha de 0^m,07 de diamètre, terminés par deux lignes volantes de 100 mètres de longueur.

Cette installation coûta 75000 francs, soit environ 395 fr. par hectare, et M. Walker évaluait la dépense, y compris l'intérêt de cette somme, à 12500 fr. par an, dont la moitié, soit 6250 francs, pour la distribution seulement.

En ajoutant 1250 francs, prix de la concession payée à la ville, les frais atteignaient le chiffre de 70 francs par hectare.

Or, 1000 mètres cubes d'eau fournis par une population de 8000 âmes représentent sur 190 hectares, le produit de 40 individus par hectare et par an. En outre, 1000 mètres cubes par jour ne peuvent servir à arroser que 4 hectares, soit 250 mètres cubes par hectare. Il en résulte que pour irriguer 190 hectares, on devait consacrer 47 jours, c'est-à-dire attendre 47 jours pour répéter l'arrosage sur un hectare, et cela, pour y répandre un volume d'eau correspondant à peine à 0^m,02 de pluie.

Il n'y a donc pas lieu de s'étonner si M. Walker abandonnait en 1860, le système tubulaire pour l'irrigation par rigoles de déversement.

ÉDIMBOURG.

A la ferme de Loch End, située au N.-O. d'Édimbourg, on trouve une application de l'arrosage à la lance sur une surface de 5 hectares de terres arables. Une dérivation des eaux de l'égout Foul Burn, fait mouvoir une roue hydraulique de 4 mètres de diamètre qui commande quatre pompes et élève environ 600 litres par minute. Le sol très-meuble ne pouvant se prêter à l'irrigation par rigoles ouvertes, on a fait établir un conduit unique dans le sens de la pente, et à l'aide de robinets de prise placés à 50 mètres de distance, on arrose avec des lignes volantes en gutta-percha, moyennant une dépense annuelle, pour 20,000 mètres cubes d'eau, d'environ 250 francs par hectare.

On récolte en juillet des pommes de terre hâtives, et l'on sème du raygrass que l'on défonce tous les deux ans. Le revenu par hectare est évalué à 2,000 francs; chaque coupe de raygrass représente de 600 à 700 francs par hectare, et M. Scott fait de trois à quatre coupes par an et trois arrosages par coupe.

VI. — IRRIGATION PAR RIGOLES DE NIVEAU ET DE DÉVERSEMENT.

Dans le système tubulaire, nous venons de le montrer, les dépenses d'installation et d'entretien sont en général hors de proportion avec les résultats obtenus; le volume d'eau que l'on peut répandre en un temps donné est insuffisant pour le débit des égouts d'une ville bien drainée. Comparé au système d'irrigation par rigoles de niveau et de déversement, il entraîne le plus souvent l'emploi de moteurs dispendieux, l'établissement de réservoirs à différents niveaux, et une main-d'œuvre considérable pour la manœuvre des lignes volantes; outre des réparations coûteuses dues à l'excès de pression dans les tuyaux; enfin, il est essentiellement irrégulier. Sauf deux ou trois localités où ce système d'arrosage a été installé dans des conditions d'une scrupuleuse économie, pour des liquides plus riches que ceux des égouts, et n'exigeant pas l'épandage de toutes les heures du jour et de la nuit, les autres l'ont forcément abandonné.

Examinons actuellement les villes où l'on utilise et l'on désinfecte les eaux sales par simple irrigation.

MILAN.

Les irrigations du Milanais sont les plus anciennes de l'Italie; leur origine remonte à l'époque ancienne décrite par Diodore de Sicile et chantée par Virgile. Elles ont, au treizième siècle, donné lieu à des luttes acharnées, lors de l'affranchissement des communes Lombardes. L'art des irrigations, d'après les contemporains, était alors arrivé à un haut degré de perfection (1). Toutefois, ce n'est que vers le milieu du quinzième

(1) G. Heuzé. *L'agriculture de l'Italie septentrionale.* Paris 1864.

siècle que la culture de la contrée se ressentit des effets de l'étude du régime des eaux et de la science des arrosages. Depuis cette époque, il devient une source féconde de prospérité nationale. L'examen de cette question, intéressante à tant de titres, est en dehors du cadre de ce travail. Nous avons seulement à choisir ici parmi la multitude de canaux qui sillonnent les plaines de l'Italie septentrionale, ceux qui entraînent directement les déjections de la ville de Milan.

Le drainage de cette ville qui renferme 130,000 habitants, a été souvent décrit. Les égouts et les drains particuliers des maisons de la ville centrale se rendent, sans exception, dans un canal intérieur et couvert, la *Sevese*, qui reçoit les eaux courantes et celles des faubourgs que lui apporte, par trois aqueducs, un second canal concentrique au premier, et à ciel ouvert, le *Naviglio*. L'ensemble de ces liquides est finalement recueilli par un troisième canal, à ciel ouvert, *la Vettabia*, qui débouche au sud de la ville et va fertiliser une vaste surface de prairies, sur un parcours de 16 kilomètres, avant de se jeter dans la rivière Lambro.

Les eaux de la Vettabbia ont sur celles des autres canaux de la Lombardie et du Piémont qui dérivent des monts Alpins, l'avantage d'offrir une température toujours plus élevée. Leur température est souvent même supérieure à celle de l'air ambiant; parce qu'elles circulent souterrainement sur une grande partie de leur parcours. Elles tiennent, en outre, en dissolution et en suspension une telle quantité de matières solides qu'au bout de quelques années, on est obligé d'enlever, sur plusieurs centimètres, la croûte provenant du colmatage, afin de maintenir au niveau déterminé la surface des prairies arrosées. Le limon ainsi écroulé se vend aux maraîchers au même prix que le fumier et assure, pour chaque opération, un bénéfice de 5 à 600 francs par hectare. Au contraire, avec les eaux pures et limpides des autres canaux, il faut tous les deux ou trois ans, fumer les prairies; il a été reconnu que l'action de l'eau ne permet de doubler et de tripler le revenu de la terre qu'à la condition d'y mettre de l'engrais. Ainsi, point d'engrais avec les eaux limoneuses de la Vettabia. En outre, grâce à leur tiédeur, les prairies permanentes sont arrosées tout l'hiver et la végétation s'y continue artificiellement, lorsque la neige ou la glace couvrent les terres arables environnantes. C'est la raison du nom de *marcites* ou prairies d'hiver, donné à ces prés.

Les marcites se distinguent des prairies ordinaires dont la surface en pente douce est alimentée par un canal supérieur distribuant l'eau dans des saignées suivant les lignes de niveau, en ce qu'elles sont sillonnées transversalement et divisées en compartiments ou *ailes* de 0ᵐ,03 de pente et de 7 mètres environ de largeur. C'est entre ces ailes, et au sommet des ados de distribution que sont les rigoles de distribution.

Ces rigoles ont 0ᵐ,30 de largeur sur 0ᵐ,25 de profondeur. L'eau vient sur chaque arête supérieure, ruisselle sur le gazon et tombe dans des colatures ou rigoles de 0ᵐ,20 à 0ᵐ,25 de largeur sur 0ᵐ,16 à 0ᵐ,20 de profondeur, qui l'entraînent par une pente de 3 à 5 pour 100 dans le fossé d'écoulement ou colateur. Une planche de 120 mètres de longueur ainsi répartie en compartiments, est suivie d'une autre un peu plus courte, où le colateur de la première, devient irrigateur dans la seconde. La reprise des mêmes eaux s'opère ainsi trois fois et même jusqu'à douze fois, sur la même prairie. Cette reprise paraît indispensable, car en évaluant le produit minimum de la Vettabbia à 100,000 mètres cubes par 24 heures, ou 1 mètre cube à la seconde, et la tranche liquide nécessaire à la consommation d'un hectare de marcites par 24 heures, à 0ᵐ,30 de hauteur, on trouve que les eaux de ce canal ne pourraient fertiliser que 30 hectares au lieu d'un millier actuellement irrigués.

L'eau, toujours ruisselante à la surface, abrite le gazon du froid et des vents; de sorte qu'il s'épaissit de décembre à février et devient assez abondant pour permettre une première coupe en février. On suspend l'arrosage huit jours au moins avant de faucher. Les produits de l'année sont proportionnels à la dépense d'eau. L'herbe, mélangée de ray-grass et de trèfle, se coupe six fois; le produit se décompose, par hectare, de la manière suivante :

1re coupe février,		12,000 kil.	
2e	»	avril	12,000 »
3e	»	juin	9,000 »
4e	»	août	9,000 »
5e	»	octobre	6,000 »
6e	»	décembre	6,000 »
			54,000 »

Cette production verte qui s'élève parfois jusqu'à 80 tonnes par hectare, représente environ 13,000 kil. de foin. Les coupes de l'hiver sont de moins bonne qualité que celles de la fin du printemps et de l'été, que l'on convertit en foin. Les coupes de l'arrière-saison sont données en vert à l'étable.

Une bonne marcite donne un produit net de 500 francs par hectare et par an ; on estime que l'hectare suffit à l'entretien de trois vaches laitières à l'année. La valeur vénale atteint quelquefois jusqu'à 15,000 francs l'hectare.

D'après les tarifs en usage, l'eau de la Vettabbia se paye un prix double de l'eau des autres canaux ; c'est-à-dire, de 700 à 800 francs l'*once* ou module magistral qui débite 44 litres par seconde. En d'autres termes, 100 mètres cubes par jour sont payés 50 fr. par les locataires à l'année, tandis que 100 mètres cubes d'eau des autres canaux se payent 25 francs seulement.

Les marcites commencent sous les murs mêmes de Milan, et aucune atteinte, depuis six siècles d'existence, n'a été portée par leur voisinage, à la santé publique. L'eau constamment courante est absorbée par un sol perméable et rejetée sans qu'il y ait stagnation. D'ailleurs, la commission anglaise chargée de l'enquête sur la salubrité des marcites, en 1857, n'a pu constater aucun fait indiquant, dans les localités arrosées, une prédisposition aux épidémies, ni aux fièvres endémiques.

ÉDIMBOURG.

La ville d'Édimbourg offre un exemple moins ancien, mais non moins remarquable, de l'application des eaux d'égout. Ces eaux sont, en effet, utilisées depuis près de deux siècles sur une partie des prairies de Craigintenny, et depuis plus de 60 ans sur une centaine d'hectares.

Le ruisseau Foul Burn, qui dessert ces prairies, reçoit les produits d'une moitié de la population d'Édimbourg, soit environ 100,000 individus. Cette moitié, qui correspond à la vieille ville, ne jouit pas d'une distribution d'eau potable abondante; les water-closet y sont rares, le système des fosses d'aisance y a prévalu jusqu'ici. On remarquera, toutefois, d'après les analyses (tableau, page 8), que ces eaux ont une richesse fertilisante égale, sinon supérieure, à celle des eaux de Londres, de Croydon, etc. Au sortir de la ville, le Foul Burn est à ciel ouvert; une dérivation à Sunny Bank, à l'est de la route de Berwick, alimente des prairies depuis le siècle dernier; puis il atteint Lochend Farm, au N.-O., où 5 hectares sont arrosés à la lance après l'élévation des eaux (1) et 10 hectares par rigoles de niveau.

Loch End. — D'après M. Taylor, chaque hectare de pré de la ferme *Loch End* reçoit environ 80,000 mètres cubes d'eau par an. L'arrosage commence en mars et finit en novembre. Le sol est sablo-argileux et le sous-sol formé de trap. Les plantes dominantes des prairies sont le *poa trivialis* (paturin) et le *triticum repens* (chiendent) moins précoce que le précédent. La totalité du fourrage est donnée en vert aux vaches. Sans avoir tenu note de la production, M. Scott, propriétaire de *Loch End farm*, estime que le revenu annuel de la terre a augmenté de fr. 325 à fr. 1500 par hectare. M. Scott recueille, en outre, dans un réservoir où les eaux d'égout séjournent quelques temps un dépôt de matières noires animalisées qu'il vend aux maraîchers, à l'état de terreau, au prix de 3 à 6 fr. le mètre cube. Mais cette pratique a de grands inconvénients au point de vue sanitaire.

De *Loch End farm*, le Foul Burn se dirige vers Craigintenny, dont les prairies, à trois kilomètres de la ville, s'étendent entre la mer et la route de Leith à Portobello.

----

(1) Voir page 76.

Craigintenny. — Les prairies de ce nom appartiennent à M. Miller; elles comprennent 77 hectares. La nature du sol est très-variable : dans la partie désignée sous le nom de *Figgate-Whins*, qui longe la mer, il se compose de sable absolument pur, sans aucune valeur avant l'arrosage ; dans la partie ouest, il est formé d'argile de bonne qualité.

Vers l'année 1800 , 50 hectares de prés étaient arrosés par le Foul Burn; en 1821, on ajouta 12 hectares de terres pauvres et 5 hectares de sable. Les 12 hectares s'affermaient ensemble au prix de 1000 francs par an.

En 1834, sur les 77 hectares arrosés à Craigintenny, 50 appartenaient à M. Miller et le reste au comte d'Haddington , de Moray, etc. Les prairies irrégulièrement tracées et assez mal cultivées, donnaient alors de 4 à 6 coupes par an, pour l'alimentation des vaches. Le fourrage était vendu chaque année aux enchères par petites parcelles correspondant à 0^{hect},10 et rapportait annuellement de 1500 à 1850 francs l'hectare. Du reste, dans certaines années de disette de fourrage , comme en 1826 , l'hectare rapporta jusqu'à 3,500 francs au comte Moray. M. Miller établit, en 1827, que 45 hectares de prairie lui avaient rapporté net de tous frais 50,250 fr. ; ces frais par an et par hectare atteignaient 50 fr. environ (1).

Le Docteur Stark, d'Edimbourg , décrit ainsi le procédé suivi à Craigintenny (2) :

Le sol nivelé et parfaitement drainé , on le divise par des tranchées ou rigoles assez profondes, en compartiments de 0^{hect},20. On commence à arroser un des compartiments dans la première semaine de novembre, puis au bout de deux ou trois jours, un compartiment nouveau; de façon à ce qu'il y ait toujours un compartiment sous l'eau et l'autre en drainage. La totalité des eaux est ainsi déversée sans interruption. Les fermiers qui ont beaucoup d'eau et peu de surface , laissent un intervalle d'une quinzaine avant de discontinuer l'arrosage sur un même compartiment; dans le cas inverse, on n'arrose chaque

____

(1) Ces détails sont empruntés au *Practical Irrigator*, par M. Stephen.
(2) *Farmers Magazine*, t. XXXI, p. 285.

compartiment qu'une fois par quinzaine et successivement, de manière à ne revenir sur le premier compartiment qu'à l'expiration de la quinzaine.

Les eaux d'orage, chargées de limon, sauf dans la saison d'hiver où il n'y a pas de végétation active, sont rejetées directement à la mer, car l'expérience a fait reconnaître leurs inconvénients pour la culture.

Les meilleurs prés donnent de 4 à 5 coupes par an ; les autres, de 3 à 4. Si on laisse trop d'intervalle entre les coupes, la récolte pourrit sur pied, ou son poids la fait verser et chauffer.

En 1846, 73 hectares étaient répartis en 240 compartiments, et quinze compartiments étaient arrosés par jour jusqu'à ce que la totalité eût reçu l'arrosage. On suspendait pendant trois jours seulement, avant la coupe. En 1845 et 1846, la pièce n° 1 (Craigintenny), d'après les livres de MM. Stewart, agents de M. Miller, avait été arrosée aux dates suivantes :

1845.	1846.
le 3 mai.	le 30 janvier.
14 id.	18 février.
3 juin.	5 mars.
20 id.	22 id.
7 juillet.	2 avril.
24 id.	13 id.
15 août.	10 mai.
31 id.	28 id.
8 octobre.	14 juin.
21 id.	30 id.
24 novembre.	5 août.
31 décembre.	19 id.
	17 septembre.
	12 octobre.
	1 novembre.

Pendant l'année 1845, l'arrosage n'ayant eu lieu que de jour, on ne fit que trois coupes ; en 1846, on arrosa nuit et jour et on obtint quatre coupes, dont la première à la fin de mars. En hiver, on n'arrose que le jour et on suspend en temps de gelée. Deux hommes suffisent pour le service des 75 hectares ; le curage et la réparation des rigoles sont confiés à un troisième ouvrier.

On calcule actuellement sur l'arrosage de 25 hectares par semaine, soit une distribution par hectare toutes les trois semaines, et l'on fait de 4 à 5 coupes annuellement. L'herbage sur pied, est évalué par hectare et par an à 200 tonnes, rendement moyen ; son prix, variable suivant la saison, etc., etc., de 1ʳ,20 à 2ʳ,80 les 100 kil. Il se compose principalement de *pou trivialis* (paturin commun), qui passe pour la graminée la plus précieuse dans les prairies, de *triticum repens* (chiendent) de bonne qualité aussi, mais d'une croissance plus rapide et de *ray-grass* ordinaire. On loue aux enchères les coupes des prairies ; celles des sables à 1,250 et 1,750 fr. l'hectare ; celles des prairies hautes à 2,500 fr. L'acquéreur, moyennant cette somme annuelle, fait quatre ou cinq coupes, à son choix, du 1ᵉʳ avril au 10 octobre. Passé cette date, le propriétaire fait paître jusqu'à l'hiver.

Il est difficile d'obtenir un renseignement exact sur le volume d'eau consommé à Craigintenny. On admet que le débit moyen du Foul Burn étant de 6200 litres par minute, les prairies reçoivent en moyenne, pendant neuf mois, une couche d'eau totale de 1ᵐ,80 à 2ᵐ,10.

Le sol a une pente de 1 pour 100 environ ; le drainage en a été récemment complété.

Sur 25 hectares seulement, les eaux du Foul Burn sont élevées par une machine à vapeur de 8 chevaux à la hauteur de 6 mètres, et à ce niveau elles sont distribuées par des rigoles ouvertes. L'arrosage dure d'avril en octobre et on y fait rarement plus de trois coupes par an.

On a objecté à l'irrigation telle qu'elle est pratiquée à Craigintenny, que les eaux y sont trop rapidement enlevées par les drains, avec perte des principes fertilisants, et que, si le volume des eaux consommé était moindre, la surface irriguée pourrait être plus considérable. L'opinion des propriétaires est que, grâce au drainage perfectionné, les liquides pénètrent utilement à une plus grande profondeur et qu'un plus long

séjour des eaux diminuerait la qualité de l'herbage; il suffit,
pendant l'été, de boucher quelques-uns des drains afin
de maintenir un peu plus d'humidité dans le sol. On a
souvent répété que l'irrigation à Craigintenny donnait lieu à
des émanations nauséabondes, même à une certaine distance.
Dans nos visites, nous n'avons constaté aucune odeur du
fait de l'arrosage ; car, les gaz sont complètement absorbés
après cinq ou six minutes (1). Les seules plaintes dont nous
ayons eu connaissance, sont motivées par la circulation des
liquides dans les ruisseaux à ciel ouvert où les dépôts sont
trop rarement enlevés. Il serait facile de remédier à cet incon-
vénient en canalisant les eaux dans un égout voûté depuis les
portes de la ville jusqu'aux prés, ou tout au moins en curant
plus fréquemment les rigoles.

Roseburn et Dalry. — A l'ouest d'Edimbourg, les prairies les
plus étendues, après celles de Craigintenny, sont celles de Roseburn et Dalry, réduites par les exigences du chemin de fer
du littoral de 40 à 32 hectares. L'égout, dont les eaux sont ici
utilisées depuis quarante ans, reçoit toutes les issues et déjections d'un vaste abattoir et de plusieurs distilleries. Le sol est
sablo-argileux ; le sous-sol argileux. L'arrosage continue nuit
et jour, sans en excepter le dimanche. Les eaux, en été, ne
séjournent que quelques heures ; en hiver, leur action est pro-
longée dans le but non plus d'arroser seulement, mais de fumer
la terre par colmatage. Des quinze ou vingt espèces de graminées semées à l'origine par le propriétaire, M. Thomson, trois
ou quatre seulement ont survécu et se sont propagées au détriment des autres.

Grange. — Les prés Grange, comprenant de 6 à 7 hectares,
sont situés au sud de la ville. Les eaux sont riches, et M. Mac
Gill, le propriétaire, assure que plus le volume consommé
par hectare est considérable, meilleurs sont les produits. On

---

(1) C'est à tort que M. le Préfet de la Seine affirme que l'irrigation se
faisant *par immersion* à Edimbourg, « les odeurs qui se répandent aux
alentours sont parfois insupportables, » p. 48. *Premier mémoire sur les
Eaux de Paris*, 1854.

arrose pendant tout l'hiver ; dans l'année, on chôme six semaines correspondant aux fauchages. Les terres sont compactes, d'une pente très-forte. On fait de quatre à cinq coupes , qui se sont vendues , en 1862 par exemple , au prix de 800 à 2500 fr. par hectare ; cet écart est dû au volume d'eau répandu, à la nature du sol, à la qualité de l'herbage et aux facilités de transport plus ou moins grandes pour les nourrisseurs.

Rosebank. — Les prés Rosebank couvrent une surface de deux hectares et demi , ils sont arrosés depuis trente ans. L'arrosage qui a lieu pendant onze mois de l'année cause une dépense de fr. 2,50 par jour , pour payer un homme qui opère le mouvement des eaux à ses heures de repas et après le travail de la journée à l'atelier. Le curage des canaux se fait l'hiver par des ouvriers supplémentaires. Les boues des rigoles se vendent au prix de 3 fr. la tonne. Le volume d'eaux disponible est énorme, mais M. Reid n'en consomme qu'une faible partie, car il n'a que deux hectares à un niveau convenable et il ne croit pas qu'il y aurait intérêt à élever les eaux. Sur ces deux hectares , l'eau coule pendant trois ou quatre jours consécutifs par parcelle de 0^{hect},10 à 0^{hect},20, et à deux reprises avant de faucher. On n'arrose que lorsque l'herbe a repris sa pousse. Le prix des coupes annuelles est de 1500 à 1800 francs par hectare. L'eau , vu la petite surface irriguée , ne sort pas limpide.

En été, M. Reid arrose de temps en temps 0^{hect},80 de jardins potagers ; les eaux d'égout conviennent surtout aux choux , aux oignons et aux turneps.

Quarry holes. — Les prairies de Quarry holes, qui comprennent 3 hectares , sont affermées par M. Skirving. Le volume d'eau disponible annuellement est de 160,000 mètres cubes. Les eaux coulent nuit et jour pendant toute l'année, sauf quand il gèle fort. Chaque compartiment de 0^h,40 reçoit l'eau pendant deux jours consécutifs et trois arrosages dans l'intervalle de chaque coupe. On attend deux ou trois jours avant de reprendre, et on cesse quand l'herbe est trop haute.

Le tableau suivant résume les conditions de l'irrigation à Édimbourg , en 1864.

	NOMBRE D'HECTARES ARROSÉS.	POPULATION CORRESPONDANT A 1 HECTARE	VOLUME D'EAU DISPONIBLE PAR HECTARE ET PAR AN.
Loch End et Craigintenny .	115,3	842 habit.	51,250 m.c.
Roseburn et Dalry . . .	32,3	280 "	42,500 "
Quarry Holes	3,2	1405 "	162,500 "
Broughton Burn	2,4	4165 "	255,000 "
Grange	6,6	755 "	240,0.0 "

Bien que les chiffres de la troisième colonne représentent le volume d'eau disponible et non la consommation , on remarquera que les exemples fournis par les prés d'Édimbourg ne sont pas recommandables sous le rapport de l'économie des liquides. D'ailleurs, la ville qui n'a pas fait de travaux , ne perçoit rien pour cette matière fertilisante. Aussi, le produit par hectare est-il plus élevé sur ces prairies que partout ailleurs.

TAVISTOCK.

La ville de Tavistock avait été drainée en 1850 , conformément aux principes du *Board of Health*. Le duc de Bedford fit disposer 38 hectares de prés (dont 6 hectares seulement étaient drainés) de manière à y dériver les eaux des égouts. Le collecteur amène les eaux de la population de 6,000 individus répartis sur 80 hectares, à 1 kilomètre hors la ville, dans un canal de 1ᵐ,60 de profondeur, d'où les eaux se déversent à gueule-bée sur les prairies.

Un autre canal de 0ᵐ,30 à 0ᵐ,90 de largeur, avec saignées, sert à l'irrigation par ados d'une partie des prés, affermés à deux personnes différentes.

L'arrosage a lieu toute l'année , depuis 1851 , et les eaux ne sont écoulées directement à la rivière que lorsque l'herbe est trop haute.

D'après M. Austin, la dépense d'installation s'est élevée à 800 francs par hectare.

BIRMINGHAM.

Depuis une dizaine d'années, M. Burbridge consomme pendant quelques mois seulement les eaux non filtrées des égouts de Birmingham. L'arrosage se fait à la fin de février sur 20 à 25 hectares de prairies; le volume répandu par mois est, pour toute la surface, de 54,000 mètres cubes environ.

La ville a depuis longtemps approuvé un projet d'utilisation des eaux, fondé sur la différence de niveau entre l'émissaire et les eaux de la Tame; mais la municipalité n'a pas les pouvoirs nécessaires pour pousser la canalisation en dehors de la ville.

MALVERN.

M. Mac Cann exploite à Malvern et à Mathon, dans le comté de Worcester, une ferme de 200 hectares. Les eaux de la ville de Malvern (7000 habitants) lui servent à arroser une vingtaine d'hectares. Sauf entre 9 heures et 11 heures du matin, ces eaux sont peu chargées. Le sol est de composition variable, argileux ou sableux, mais le plus souvent compacte et accidenté. La pente vers la Severn est très-rapide. L'arrosage a lieu par parcelles de 0^{hect},10. Les 20 hectares sont en ray-grass que l'on coupe deux fois et que l'on fait pâturer ensuite. La première coupe donne 6000 kil. par hectare; la seconde 3000 kil.

Les frais d'installation ont été de 180 fr. par hectare : les frais de distribution pendant 8 mois, de 25 francs.

M. Mac Cann ne paie rien à la ville pour la jouissance des eaux ; mais il s'engage à désinfecter par l'arrosage celles qu'il consomme. L'emploi des eaux correspond à un rendement de 2 tonnes de foin en plus par hectare, ou de 500 pour 100 en fourrage vert. Des essais d'arrosage sur l'orge, les turneps, les mangold ont été très-satisfaisants.

Sur d'autres fermes de ce district, à Link's farm, par exemple, 12 hectares de prairies sont arrosés et depuis l'irrigation, le prix du fermage a plus que doublé.

CARLISLE.

La ville de Carlisle compte 30,000 habitants; les égouts tubulaires établis sous le bénéfice de la loi de salubrité de 1848, y reçoivent les déjections de 22,000 habitants et aboutissent, en dehors de la ville, à un puits, où une machine à vapeur de 5 chevaux les élève de 3ᵐ à 3ᵐ,60, après qu'elles ont été désinfectées par le fluide Mac Dougall (voir page 29). Un canal à ciel ouvert fait le tour du terrain soumis à l'irrigation, en suivant la rivière Caldew sur une partie de son parcours. Des saignées pratiquées sur ce canal permettent aux eaux de s'écouler dans des rigoles mobiles, en forme d'auge, en fonte, qui s'ajustent bout à bout. Ces rigoles sont destinées à remplacer celles que l'on creusait autrefois dans le sol et que le bétail dégradait.

La ferme exploitée par M. Mac Dougall appartient au duc de Devonshire et comprend 42 hectares qui s'étendent au pied du vieux château; mais 28 hectares seulement, bornés par les rivières Caldew et Eden et le chemin de fer Calédonien, sont irrigués. Le sol est sableux et très-perméable. La totalité des 28 hectares est en prairie permanente, on n'y fait pas de foin; le tout est pâturé, et il est assez difficile de déterminer exactement le bénéfice net de l'irrigation. Le volume d'eau consommé est évalué à 5000 mètres cubes par jour; ce qui représenterait par hectare et par an de 20 à 22000 mètres cubes; l'arrosage se renouvelle quatre fois dans l'année, sur la même surface.

Les 42 hectares, dont 28 arrosés, nourrissent en moyenne 600 moutons et 90 ou 120 bêtes à cornes. Le prix payé par tête de gros bétail est de 4ᶠ,35 à 5 fr. et par mouton, de 0ᶠ,60. Mais on arrive à une appréciation plus convenable du produit en se basant sur le fait que M. Mac Dougall a affermé les 42 hectares, au prix de fr. 20000 et qu'il touche en sus un bénéfice de fr. 12000.

Les herbages de Carlisle sont de très-bonne qualité; peut-être même est-elle supérieure à celle des prés d'Edimbourg; ce qui s'explique naturellement par le parcage du bétail. Mais M. Mac Dougall veut voir dans cette supériorité une preuve de l'efficacité du phénate de chaux qui conserve l'ammoniaque dans les eaux jusqu'à leur absorption dans le sol et qui détruit les plantes parasites. Quoi qu'il en soit, la désinfection paraît à peine nécessaire à Carlisle; dans notre visite, pendant l'été de 1864, les eaux n'avaient aucune odeur nauséabonde avant l'introduction de l'acide phénique; les matières solides y étaient à peine désagrégées et, de fait, la décomposition n'avait pas eu le temps de se faire avant l'épandage. Il convient toutefois, d'ajouter que la dépense de la désinfection représente à peine 0f,10 par an et par habitant et que l'herbe est pâturée non-seulement sans répugnance, mais encore, d'après M. Mac Dougall avec une préférence très-marquée par le bétail.

CROYDON.

La population à Croydon atteint le chiffre de 18,000 habitants; la quantité d'eau potable par habitant est de 180 litres par jour ou de 65 mètres cubes par an. Le volume des eaux de la surface y est d'environ 272 litres par jour et par habitant ou de 98 mètres cubes par an.

Les habitations sont pour la plupart en communication directe avec les égouts, et le drainage établi par le procédé économique des égouts tubulaires, conformément à la loi de 1848, se fait si rapidement qu'en 1857, lorsque l'on arrosait seulement 6 hectares avec les deux tiers du volume des eaux de la ville, le sol était si complètement recouvert de matières stercorales qu'on ne pouvait en approcher. Depuis lors, les eaux, amenées à ciel ouvert jusqu'aux réservoirs, y sont filtrées (voir page 30) avant d'être écoulées dans les rigoles d'irrigation. De ces rigoles, qui ont 0m,30 de largeur sur 0m 30 de profondeur, partent à des intervalles de 12 à 15 mètres, d'autres rigoles plus petites dont on fait déborder les eaux en les interceptant sur un point de leur parcours, par des vannes mobiles.

L'eau, se déversant à gueule-bée sur un premier compartiment, est reçue dans une seconde rigole qui la dérive de nouveau sur un second compartiment, et finalement elle retourne à la rivière par un canal d'issue. Les terres des niveaux supérieurs sont ainsi directement arrosées; tandis que celles des niveaux inférieurs le sont après que les eaux ont filtré une fois à travers le sol.

On compte, en été, sur une perte par absorption et par évaporation d'environ moitié des liquides, et, en hiver, sur une perte d'un tiers.

L'eau du canal d'issue est incolore et insipide; son odeur est encore nulle après quatre heures de repos. Aussi, ne peut-on la distinguer au goût de celle de la rivière Wandle, dont elle constitue le cinquième environ en volume.

Les prairies, situées à 1 kilomètre et demi de la ville, sont contiguës à la propriété de Beddington Park. Une pente douce favorise l'écoulement vers la Wandle. A l'exception de 8 hectares qui sont de niveau, la pente est de 4 millimètres par mètre. Le sol est argilo-sableux, l'épaisseur de la couche arable varie entre 0ᵐ,08 et 0ᵐ,60; au-dessous se trouve une couche de 1ᵐ,50 à 1ᵐ,80 de gravier, puis une nouvelle couche de 0ᵐ,60 d'argile peu tenace; enfin, du gravier qui repose sur la craie.

Cédant aux injonctions des tribunaux, la municipalité de Croydon applique les eaux à l'arrosage depuis 1859. En 1860, 22 hectares furent affermés, partie en blé et en avoine, partie en trèfle et en ray-grass, partie enfin en prairies. Comme le blé et l'avoine ne permettent pas un arrosage régulier, on força la dose sur le reste de la surface. Les résultats n'en ont pas moins été très-remarquables. Ainsi, on vendit deux coupes d'herbe sur pied; la première, en juin, au prix de 250 fr. par hectare; la seconde, en août, au prix de 94 fr. La première récolte de trèfle fut cédée au prix de 280 fr. l'hectare; la seconde au prix de 200 fr. Enfin, la coupe de ray-grass valait 190 fr., en juin, et 175 fr. par hectare, en août. L'avoine, qui n'avait pas été arrosée superficiellement, avait profité de l'eau écoulée par les drains dans le sous-sol; aussi, les 4 hectares en avoine, qui n'avaient produit jusque-là que 125 à 150 kil. à l'hectare, rendirent 380 kil., malgré la sécheresse de l'année.

En 1861, l'administration municipale affermait, à son tour, à M. Marriage, pour huit années, 120 hectares au prix de 315 fr. l'hectare, au lieu de 250 fr. qu'elle payait elle-même. Elle s'engageait, pour cette redevance, à couvrir jusqu'à concurrence de

200 fr. par hectare, les dépenses d'installation nécessaires à l'arrosage ; le fermier devant seulement pourvoir aux frais d'entretien. Le coût de l'installation a varié, au total, entre 350 et 600 fr. par hectare. La dépense du filtrage est à peu près couverte par la vente de l'engrais.

En 1862, on arrosait 98 hectares et en 1864, plus de 100 hectares par parcelles de 8 à 12 hectares à la fois. La plus grande partie de la surface est en ray-grass ; on arrose chaque compartiment pendant quatre jours et quatre nuits consécutivement et trois fois entre chaque coupe.

Du reste, on se règle sur la saison pour prolonger ou diminuer la durée de l'irrigation. En temps humide, on peut arroser de plus grandes surfaces. En temps sec, on dispose d'un volume d'eau insuffisant pour maintenir humide toute la surface en ray-grass. On a reconnu, en effet, que 5 hectares suffisaient, en été, pour absorber pendant 24 heures les 3600 mètres cubes fournis par le collecteur, sans que l'eau reparût à la surface ; le lendemain seulement, elle se drainait par la rigole inférieure.

Un homme fait le service de l'arrosage, et opère le curage des rigoles, sur une étendue de 15 à 20 hectares.

On fait actuellement 4 coupes de ray-grass par an, soit de 75 à 90 tonnes de fourrage vert par hectare ; on fauche en avril pour la première fois, et en octobre ou en novembre, la dernière fois. Le produit se vend en vert au prix de fr. 31,25 ; et sur pied, au prix de 20 fr. Ces prairies permanentes donnent aussi 4 récoltes à l'année, mais l'herbage en est moins estimé par les nourrisseurs ; le produit par hectare et par an varie de 100 à 150 fr.

M. Marriage a appliqué aussi l'arrosage aux mangold-wurzel.

En ne tenant pas compte des conditions du fermage, M. Marriage estime que le produit brut dû à l'arrosage, est pour le ray-grass, de 0^r,075 à 0^r,10 par mètre cube d'eau d'égout et de 0^r,05 à 0^r,07 pour les prairies. Il est certain que ces chiffres s'abaisseraient notablement, s'il y avait abondance de fourrage vert sur le marché.

RUGBY.

Nous avons déjà décrit (page 75) l'installation du système tubulaire à Rugby. En 1860, M. Walker renonçait à ce système et appliquait les eaux par déversement sur 160 hectares, mais le volume consommé par hectare (1500 à 2500 m. cubes) est insuffisant; aussi, n'arrose-t-on que cinq ou six jours par an chacun des hectares. Comme les prairies sont en pâture et qu'on ne fait qu'une seule coupe, il est difficile d'évaluer le produit. M. Walker établit pourtant que le prix de l'hectare a doublé; ce qu'il payait 110 fr., vaut actuellement 220 fr.

Quoi qu'il en soit, cette application, tant à cause des dépenses d'épuisement, de canalisation, du loyer des eaux, que par suite des différences de niveau et du mode de culture, ne saurait servir d'exemple. Mais Rugby a été le champ des expériences suivies depuis 1861, par M. Lawes pour compte de la Commission parlementaire, et à ce titre Rugby mérite de nous arrêter plus longuement.

Expériences de M. Lawes.

Les essais de M. Lawes ont été entrepris à la demande de la Commission du *Sewage*, sur 6 hectares de prairies appartenant à M. Walker et affermés à M. Campbell. Ces six hectares parfaitement drainés comprennent deux lots, dont un de 2 hectares et l'autre de 4 hectares, dressés d'après le système Bickford (1). Ce système consiste, comme celui de Siegen (méthode allemande), à faire contourner tous les accidents du terrain par les rigoles, de manière à assurer à la fois l'arrosage et l'égouttement sans travaux de nivellement. A l'entrée de chaque rigole de faîte, un réservoir de 5 tonnes et demie permettait de mesurer exactement le volume d'eau débité et de puiser des échantillons pour les analyser. Le lot de 4 hectares avait été partagé en deux compartiments de deux hectares chacun et chaque compartiment en quatre planches, à savoir : n° 1, non arrosé; n° 2, destiné à recevoir 7,500 mètres cubes par hectare; n° 3, 15,000 mètres cubes; n° 4, 22,000 mètres cubes.

Le produit du n° 2 fut employé en vert à l'engraissement

---

(1) *Journal of the Royal Agric. Society*, t. XIII.

des bœufs ; le produit du n° 3, pour les vaches laitières, et le produit du n° 4 fut récolté à l'état de foin.

Les expériences qui avaient donné un résultat peu avantageux pendant la première année (1861), ont été poursuivies en 1862 et en 1863. Nous résumons les conclusions importantes auxquelles elles ont donné lieu (1) :

Dans les premiers essais, il avait été constaté :

1° Qu'un hectare de prairie non fumé avait suffi à l'alimentation pendant 50 semaines d'une vache qui avait donné du lait dont la valeur, calculée à 0^f,18 le litre, représentait une somme de. . . . . fr. 695

2° Un hectare de prairie arrosé avec 3,750 mètres cubes d'eaux d'égout, avait suffi à l'alimentation pendant 100 semaines d'une vache qui avait produit en lait une somme de   fr. 1,175

3° Un hectare arrosé avec 7,500 mètres cubes avait alimenté une vache pendant 145 semaines et représentait.   . fr. 1,690

4° Un hectare arrosé avec 11,500 mètres cubes, avait nourri une vache pendant 170 semaines, soit . . . . . . fr. 1,975

1. *Irrigation des prairies.* — L'arrosage pendant les mois d'hiver donne un herbage relativement précoce, mais le rendement est faible par rapport au volume d'eau consommé.

L'arrosage, en raison de l'eau employée, permet de prolonger la durée de la récolte jusqu'au commencement de l'hiver.

Sur une moyenne de trois ans et sur les deux lots de 4 et 2 hectares, le rendement par hectare et par an a été le suivant :

ACCROISSEMENT PAR 1000 M. C. D'EAU.		FOURRAGE VERT.	FOIN.
"	Terrain non arrosé . .	23^t,15	7^t,50
12,50 %	Id. arrosé avec 7500^{m3}	55 ,60	12 ,50
10,50	Id. id. id. 15000^{m3}	75 ,60	14 ,40
8,10	Id. id. id. 22500^{m3}	81 ,25	16 ,25

(1) *Third Report of the Commission,* etc., 1865.

Le rendement le plus considérable a été obtenu la troisième année, avec un volume d'eau de 22,500 mètres cubes par hectare; soit, 87¹,5 de fourrage vert égal à 6,740 kil. de foin et 92¹,50 de fourrage égal à 7,160 kil. de foin. L'accroissement de produit, pour un volume d'eau donné, a été en revanche moins considérable sur les compartiments où le volume le plus considérable avait été déversé.

2. *Engraissement.* — Les bœufs consomment (en vert) plus de fourrage arrosé que de fourrage non arrosé; mais comme matière sèche, c'est l'inverse qui a lieu. Ces résultats se rapportent à des bœufs consommant des poids égaux de fourrage et augmentant, dans la même période de temps, d'un poids donné. Cette condition nécessite l'emploi à l'étable d'une certaine quantité de tourteaux, indépendamment de l'alimentation en vert.

Les vaches laitières, pouvant manger à volonté de l'un ou de l'autre fourrage vert, profitent plus, comme augmentation de poids et comme rendement en lait, avec le fourrage non arrosé. Mais relativement à un poids déterminé de matière sèche, le rapport est inverse.

Le rendement en lait varie suivant les saisons et pendant une même saison. En moyenne, six parties en poids de fourrage arrosé ont rendu une partie de lait, en poids. L'irrigation permet, en prolongeant la durée de l'alimentation des vaches sur un hectare, de tripler et de quadrupler le produit en lait. Sur un hectare de prairie arrosé avec 12,500 mètres cubes d'eau, le produit brut est d'environ 4,550 litres de lait.

Le ray-grass, cultivé pendant une saison seulement, a donné un produit plus considérable à l'hectare pour un volume d'eau déterminé, que les prairies permanentes. Le produit brut par hectare, de ray-grass ayant reçu 12,500 mètres cubes d'eau, équivaut à 1800 francs.

3. *Composition des eaux de drainage.* — L'analyse des eaux, après leur infiltration dans le sol, démontre que les éléments fertilisants les plus précieux ont été fixés par le sol, mais qu'une seule immersion ne suffit pas pour enlever la totalité des principes nuisibles. Il faut donc, quand on emploie des

grandes masses d'eau, les faire servir au moins deux fois de suite à l'arrosage.

4. *Composition du fourrage.* — Le fourrage arrosé, donné en vert au bétail, renferme moins de matière sèche que le fourrage non arrosé. L'herbe coupée à la fin de la saison est moins succulente, dans les deux cas, que celle de l'été ou de l'automne.

La proportion de matière azotée est plus considérable dans la matière sèche du fourrage arrosé que dans l'autre, et à la fin de la saison qu'au commencement. La matière ligneuse est en égale proportion dans les deux cas.

Le rendement en lait, qui a été trouvé plus considérable pour un poids déterminé de matière sèche du fourrage arrosé, paraît tenir surtout à des conditions différentes de maturité, de digestion et d'assimilation.

5. *Action des eaux sur les plantes des prairies.* — Les eaux d'égout développent les graminées jusqu'à l'exclusion des légumineuses et des parasites; elles favorisent la végétation des espèces suivantes : *paturin commun*, *chien-dent*, *dactyle*, *houque laineuse*, *ray-grass vivace*; mais deux ou trois espèces seulement subsistent après un arrosage de quelques années.

6. *Composition du lait.* — Le lait des animaux nourris avec du fourrage arrosé, offre peu de différences à l'analyse, au point de vue de la caséine, du beurre, du sucre et des cendres. L'addition des tourteaux augmente beaucoup sa richesse.

7. *Arrosage de l'avoine.* — Dans un premier essai sur de l'avoine à laquelle on avait appliqué 340 mètres cubes à l'hectare, l'augmentation du produit fut trouvée égale à 0f,50 par mètre cube d'eau. Dans un deuxième essai, avec 1300 mètres cubes, l'augmentation ne fut que de 0f,15. Il est vrai de dire que, par suite de la saison pluvieuse et de la faible teneur des eaux, ces essais n'indiquent pas exactement ce que l'on peut attendre de l'arrosage très-modéré des céréales.

RÉSULTATS AGRICOLES DE L'IRRIGATION.

Les expériences de Rugby sont concluantes, car elles confirment les résultats de la pratique des irrigations dans les autres localités et précisent le volume d'eau nécessaire et les cultures auxquelles ce mode de fertilisation est applicable dans les conditions ordinaires des terres arables par opposition aux sables proprement dits.

Les calculs théoriques que nous avons cités dans un chapitre précédent, sur la valeur pécuniaire des eaux d'égout sont ainsi en contradiction avec les données de l'expérience. Cette valeur sous le rapport agricole, dépend d'une foule de circonstances qui varient dans une même localité. Ce que l'analyse la mieux raisonnée indique comme devant représenter un accroissement de valeur à l'hectare de 4000 à 5000 francs, ne représente réellement, dans le cas d'Édimbourg, après des arrosages qui ont duré 30 ans en moyenne, qu'une augmentation de 1200 à 1500 francs. Le prix de $0^f,15$ à $0^f,20$ assigné par l'analyse au mètre cube d'eaux, descend donc, par le fait de l'expérience agricole, à $0^f,05$ et $0^f,10$. Si le sol est léger et que l'on puisse faire consommer au bétail le produit des prairies, c'est-à-dire une quantité considérable de fourrage vert, la valeur de l'engrais liquide des égouts augmente. Si, au contraire, l'on est obligé de faire du foin (ce qui n'est pas sans difficulté sur des prés arrosés), la valeur de l'engrais liquide diminue sensiblement. Enfin, si l'on n'a pas de prairies, il y a le plus souvent intérêt à ne pas employer l'engrais sous cette forme.

Les sols sableux se prêtent le mieux à l'arrosage continu, par la raison que la couche de terre arable y augmente utilement chaque année. Les sols argileux et secs, sont, à l'inverse, moins bien appropriés, parce que, malgré leur pouvoir d'absorption et le drainage, ils ne se laissent pas pénétrer par le liquide qui coule à leur surface et parfois les dépouille de certains principes essentiels, tels que la potasse. Dans les terres fortes, le fumier le plus pauvre exerce une action mécanique non moins utile que l'action chimique, car il leur donne de la porosité ; l'air y trouve accès de plus en plus facilement et les récoltes s'améliorent par le fait unique d'une meilleure condition physique. Aussi, n'hésitons-nous pas à croire que dans les sols compactes, où l'application de l'engrais liquide a donné de bons résultats, il convient de les attribuer à l'influence de l'eau, à certains moments de la végétation, plutôt qu'à la proportion de matières fertilisantes que tient cette eau.

Quand on fume avec des fumiers, des engrais spéciaux ou par le paturage des moutons et des bêtes à cornes, on met l'engrais où l'on veut et l'expérience démontre que cet engrais est utile sur le point où il est placé. Avec l'engrais liquide, on n'est pas maître de la distribution ; il pénètre sur les terrains ordinaires dans toute la masse superficielle et pour obtenir des effets sensibles, il faut augmenter énormément le volume des eaux. Si l'on pouvait extraire d'un mètre cube de liquide, le kilogramme ou les 2 kilogrammes de matières solides qu'il contient et les appliquer à la surface, on rentrerait dans les mêmes conditions et on obtiendrait les mêmes effets immédiats qu'avec l'engrais solide ; mais ces 2 kilogrammes sont noyés dans 1000 kil. d'eau. Aussi, l'arrosage avec 750 ou 1000 mètres cubes à l'hectare de prairies, n'avance à rien ; tandis que l'épandauge de 2000 mètres cubes à l'hectare active la végétation. Cette considération est donc toute à l'avantage des eaux d'égout dont on dispose en grandes masses et en défaveur des engrais liquides obtenus en trop petites quantités dans les exploitations. L'évaporation avec de grandes masses de liquides devient considérable ; l'eau, parvenue à une grande profondeur relativement, revient à la surface par l'action de la capillarité, et les racines utilisent les matières en dissolution. On calcule ordinairement sur une dépense de 30 à 50 francs de guano par hectare, mais il peut convenir à un fermier de payer 750 francs pour arroser un hectare avec 15,000 mètres cubes d'eaux d'égout au prix de 0^f,05 le mètre cube, parce que ce fermier, comme à Édimbourg, retire de 1,800 fr. à 2,000 fr. de produit de cet hectare au lieu de 60 à 100 fr., qu'aurait produit sa fumure au guano. D'ailleurs, la pratique est là pour décider qu'il est préférable d'utiliser le volume d'eau maximum. En effet, partout où la canalisation avait été trop étendue au début (système tubulaire), on a dû diminuer la surface arrosable. A Rugby, M. Walker, qui avait installé l'irrigation sur 180 hectares de terres arables et de prés, n'arrose plus aujourd'hui que quelques hectares exclusivement en prairie. A Watford, la canalisation établie par lord Essex sur 80 hectares pour y distribuer les eaux d'une population de 4,000 habitants sert aujourd'hui à répandre le même volume d'eau sur 4 hectares de ray-grass pendant l'été et de 12 à 15 hectares de prairie en hiver.

M. Lawes estime que l'application de 20,000 mètres cubes par hectare assure aux prairies un produit de 1,500 francs. Sur un hectare lourdement fumé en engrais solide, le produit par hectare s'est élevé à 30 tonnes de fourrage vert et par l'épandage des eaux d'égout, de 22 à 50 tonnes. Il est donc évident, puisque le but final de l'arrosage est de produire du lait et de la viande, que pour les exploitations ordinaires, il est préférable d'utiliser le plus grand volume d'eau sur une surface moindre de prairies, afin d'employer le fumier du bétail sur le reste du sol cultivé, comme à l'ordinaire.

En tous cas, l'irrigation ne peut être continue et permanente, qu'à la condition de changer le système de culture et l'assolement adopté. En effet, si on admet que le terrain soit disposé pour l'irrigation et que l'assolement soit continué, il y aura des époques de l'année (les mois pluvieux) où l'eau, quelqu'en soit le prix, devra être refusée; et ces époques coïncideront pour tous les fermiers d'un même district. En 1862, la température fut si basse, que les eaux n'avaient aucune valeur; on obtint des récoltes considérables de fourrage par suite des pluies, mais ils étaient de qualité inférieure; la végétation s'était faite trop lentement pour que la maturité fût complète. Il y a donc à tenir compte de la saison et de la température moyenne pour assigner plus ou moins de valeur à l'eau d'arrosage. Pour certaines récoltes, les racines par exemple, on ne peut arroser, pendant la plus grande partie de la végétation, qu'au détriment de la récolte.

S'il était possible d'arroser aujourd'hui et de cesser demain à volonté, toutes les récoltes seraient utilement arrosables. Or, le problème posé n'admet pas une solution de ce genre; les liquides des égouts ne peuvent être emmagasinés, et force est, pour l'assainissement des centres de population, de les enlever sans délai. Le service des eaux affectées à l'arrosage des céréales, des racines, des légumineuses, des prés mêmes où l'on fauche le foin, ne peut donc être qu'accessoire ou accidentel, bien qu'important au point de vue du bénéfice. A défaut de sables ou de terres légères, l'irrigation continue n'est possible que sur des prairies permanentes ou artificielles, convenablement drainées.

VII. — CONCLUSIONS.

Il résulte de l'ensemble des faits que nous venons d'exposer, les uns d'après les enquêtes officielles, les autres d'après nos visites sur les lieux, que des deux systèmes en présence, le premier a pour objet de désinfecter les eaux des égouts avant de les perdre à la rivière ; le second d'utiliser ces eaux à l'état naturel, à l'arrosage des terres stériles et en culture, afin de les désinfecter. Ces deux systèmes se rattachent à une même école qui demande que les égouts entraînent non seulement les eaux pluviales et ménagères, mais aussi les déjections, c'est-à-dire qu'on supprime les fosses d'aisance, les puisards, etc.

Premier système. — Les conclusions relatives au premier système dont nous avons décrit les applications sont les suivantes :

1° Parmi les procédés expérimentés, aucun n'est applicable à toutes les villes ; mais il est possible après quelques essais, de diminuer économiquement les inconvénients qu'offre l'écoulement des eaux sales dans les rivières.

2° Il convient, lorsque des cours d'eau importants reçoivent les égouts de villes peu considérables, de se borner à séparer les matières solides par le repos ou par le filtrage ; sauf à désinfecter les eaux pendant les mois d'été ;

3° La valeur d'un procédé d'épuration dépend non-seulement de la filtration, mais aussi des agents chimiques employés ; le filtrage sépare, sans le fixer, l'azote contenu dans les sels ammoniacaux de celui que renferment les matières organiques ; tandis que les agents de précipitation fixent l'ammoniaque de la partie insoluble, sans entraîner l'ammoniaque que renferme en beaucoup plus grande quantité la partie soluble ;

4° L'emploi de la chaux donne des résultats imparfaits sous le rapport de l'assainissement, puisque les eaux se décomposent de nouveau, et au point de vue agricole, car elle ne fixe qu'un tiers de l'ammoniaque contenu dans les eaux ;

5° Les frais des procédés basés sur l'emploi de la chaleur artificielle, de la force centrifuge, etc., pour enlever au précipité par la chaux l'excès d'eau qu'il contient, ne sont pas en rapport avec la valeur minime de l'engrais obtenu. La dessiccation n'est possible économiquement que par le mélange immédiat avec des matières absorbantes d'un prix minime ;

6° Le mélange avec la chaux d'autres substances telles que le charbon, l'alumine, les phosphates, etc., augmente la dépense sans améliorer proportionnellement le résultat ;

7° Le désinfectant reconnu le plus efficace est le perchlorure de fer dont le prix trop élevé jusqu'ici ne permet pas de répandre l'emploi. L'engrais résultant de la précipitation par les sels de fer n'a pas une valeur agricole proportionnelle à son prix de revient.

Deuxième système. — 1° Le procédé, le plus simple et le plus économique à la fois, consiste dans l'irrigation par rigoles de niveau et par déversement, chaque fois que les dispositions du terrain le permettent ;

2° Ce procédé, qui permet d'utiliser constamment un débit régulier, comme l'est celui fourni par les égouts d'une ville, donne les meilleurs résultats sur les terrains sableux ou perméables ;

3° Pour disposer en toutes saisons et alors qu'elles sont le moins utiles, c'est-à-dire en temps de pluie, des eaux des égouts, il faut recourir à l'arrosage des prairies, de façon à ce que ces eaux se répandent d'une manière continue sur de nouvelles surfaces, jusqu'à épuisement des principes fertilisants ;

4° Le drainage est le complément indispensable de l'irrigation sur les sols non sableux ;

5° Dans la plupart des cas, l'application pendant l'année de 12,000 mètres cubes d'eaux par hectare de prairies, assure un rendement maximum ;

6° L'arrosage n'est applicable aux récoltes ordinaires, céréales, racines, légumineuses, etc., qu'accidentellement ; il ne peut être continu qu'à la condition de modifier l'assolement adopté, et même, dans ce cas, on ne peut utiliser un volume de plus de 1,200 mètres cubes par hectare et par an ;

7° L'irrigation sur les terres fortes ne peut être continuée utilement que si l'on emploie de temps à autre les fumiers qui donnent de la légèreté au sol et des engrais spéciaux qui restituent les principes enlevés par les eaux.

VII. — LONDRES.

Dès 1846, la Chambre des communes était saisie de la question d'utilisation des eaux d'égout sur le sol, et après une enquête (1), elle votait le *Bill* autorisant la formation de la Compagnie *Metropolitan Sewage manure*, dont nous avons exposé les tentatives infructueuses. Le Rapport établit le fait essentiel que « vu la dilution de l'engrais dans la masse d'eau » des égouts, son application au sol offre peut-être moins d'in- » convénients que celle des engrais solides. »

Depuis cette époque, le *Board of Health* n'a pas cessé de considérer comme une partie de son programme, l'emploi des eaux d'égout en agriculture. Nous avons signalé dans le cours de ce travail les nombreux essais dus à son initiative et le peu de succès du système tubulaire prôné par ses membres influents. Dans le Résumé des actes de son administration (1854), il ne peut s'empêcher de constater que le système tubulaire est appelé dans bien des localités à exercer une sérieuse influence sur l'agriculture, à développer la richesse fertilisante du pays, et à détruire les graves inconvénients créés par l'insouciance générale ; qu'il est regrettable que les Conseils provinciaux ne jouissent pas de pouvoirs assez étendus pour canaliser en dehors des districts soumis à leur juridiction. Il déplore également que dans deux localités on ait eu recours à l'irrigation

---

(1) *Metropolitan Sewage Manure*, 13 juillet 1846.

par rigoles de niveau (1). Le *Board of Health* se dissout donc sans être convaincu de l'insuffisance de la solution qu'il a proposée.

Le 5 janvier 1857, une ordonnance royale nomme une Commission spéciale de neuf membres, présidée par Lord Essex, pour « rechercher le meilleur mode de distribution et » d'application des eaux d'égout. »

Investie de pleins pouvoirs, cette Commission a remis au mois de mars de cette année, son troisième et dernier Rapport, qui pose les conclusions suivantes :

« 1° Le meilleur mode pour utiliser les eaux d'égout consiste » à les dériver d'une manière continue sur le sol ; c'est ainsi » seulement que les rivières pourront être préservées de toute » cause d'infection ;

« 2° Les résultats pécuniaires d'une application continue des » eaux d'égout varient suivant les circonstances locales ; d'abord, » parce que dans certains cas l'irrigation peut se faire par simple » écoulement suivant la pente du sol, et que, dans d'autres » cas, il faut élever les eaux ; et ensuite parce que les terres » fortes (les seules dont on puisse disposer dans certaines » localités) sont moins appropriés que les terres légères à » l'irrigation continue.

« 3° Dans des circonstances favorables, les villes peuvent, » sans grandes dépenses, trouver plus ou moins de bénéfice » dans l'application des eaux. Dans des circonstances défavo- » rables, il peut ne pas y avoir de bénéfice ; mais une légère » taxe additionnelle suffira pour couvrir tout excédant de » dépenses. »

Concurremment avec les travaux de cette commission spé- ciale, dont les Rapports nous ont servi pour notre travail, la Chambre des Communes désignait, le 18 février 1862, un comité composé de 17 membres et présidé par le Dr Brady, « pour » qu'il étudiât les moyens d'utiliser les eaux des villes de l'An-

---

(1) *Report of the Gen. Board of Health on the administration of the Public health Act.* Londres 1854, p. 22.

» gleterre, en vue de diminuer les taxes locales et de favoriser l'agriculture. »

Ce comité remettait à la Chambre deux rapports en date des 10 avril et 20 juillet 1862, sans apporter aucune solution, ni aucune lumière sur les résultats contradictoires énoncés pendant l'enquête. Aussi, la Chambre nommait-elle, en 1864 (26 avril), un nouveau comité « pour examiner les plans et » projets relatifs à l'emploi agricole des eaux de Londres et » d'autres grandes villes, » mais notamment pour se renseigner sur les travaux et les projets du Conseil des travaux publics de Londres (*metropolitan Board of Works*). Ce comité, composé également de 17 membres, parmi lesquels on compte sir Joseph Paxton, M. Bright, lord Fermoy, présidés par lord Robert Montagu, déposa le 14 juillet suivant, son volumineux rapport qui contient les réponses à 6000 questions et, en appendice, tous les documents, pièces et correspondances à l'appui de l'enquête. Les conclusions de ce Rapport entouré de toutes les garanties que peuvent donner les hommes considérables appelés devant la commission (1), méritent d'être rapportées :

» Le comité a d'abord pris connaissance de tous les plans proposés au Conseil métropolitain des travaux publics et déférés par ordre de la Chambre à son examen. Il s'est fait donner par les ingénieurs les plus éminents du Cornouailles les prix des machines à vapeur et des pompes nécessaires pour élever les eaux à des hauteurs déterminées. M. Bateman, hydraulicien bien connu, a été consulté sur les prix des tuyaux et branchements nécessaires pour la conduite et la distribution sur le sol des eaux d'égout, sur les frais d'assemblage et de pose de ces tuyaux. Le comité conclut de cette première partie

---

(1) A cette enquête ont été entendus les ingénieurs : Bazalgette, Rawlinson, Bateman, Hopkins, Whitehead, W. West, G. Sheperd, etc. ; les agriculteurs Cuthbert Johnson, Mechi, J. B. Lawes, Congreve, Walker; le médecin Acland, le chimiste T. Way, le légiste Gael et les promoteurs, capitalistes et ingénieurs des projets déposés devant le Conseil métropolitain des travaux publics.

de l'enquête qu'il est non-seulement possible d'utiliser les eaux
des villes en les dirigeant par des drains sur le sol, mais
encore qu'une entreprise fondée sur cet emploi peut assurer
aux contribuables des avantages pécuniaires. Ce bénéfice peut
s'accroître notamment au bout de quelque temps, car les engrais artificiels font défaut et les sources principales de ces
engrais seront épuisées dans quelques années. Il faut donc
songer à d'autres moyens de fertiliser la terre.

» Le comité, après avoir interrogé le président et l'ingénieur
du Conseil métropolitain des travaux publics, pense qu'il aurait
pu être fait plus pour utiliser les eaux d'égout de Londres, et
que, dès l'achèvement des travaux entrepris par le Conseil,
il conviendra d'adopter un système qui transforme les matières
insalubres des égouts en une source permanente de fertilité.

» Quand même il n'y aurait aucun avantage pécuniaire, les
villes devront prendre les mesures les plus promptes pour
détourner les eaux sales des rivières.

» Le comité a interrogé plusieurs personnes sur l'état de
pollution des rivières, etc. Il est hors de doute que l'écoulement dans les cours d'eau, où les villes, les villages et les
populations des campagnes trouvent leur alimentation, des
liquides des égouts et autres immondices, a des effets très-per-
nicieux. Il est urgent que cet écoulement cesse. Aucun procédé
artificiel ne permet d'épurer les eaux souillées par les égouts, de
manière à les approprier aux usages domestiques. L'eau ne peut
être purifiée qu'en partie par les agents chimiques et mécaniques; elle est toujours sujette à se corrompre ultérieurement.
Les procédés de filtrage et de désinfection ne peuvent donc que
mitiger le mal. De l'eau qui paraît pure à l'œil, peut, dans certaines circonstances, créer des épidémies graves, au milieu de
la population qui la consomme. Le sol, cependant, et les racines
des plantes, ont le pouvoir d'absorber rapidement les impuretés
des eaux d'égout et de les rejeter à l'état de pureté.

« M. Pfennell, inspecteur principal des pêcheries, affirme
que l'eau des égouts détruit le poisson. En purifiant les cours
d'eau, on augmenterait donc la masse des subsistances de la
population et le revenu des propriétaires.

» Si l'eau des égouts ne doit plus se perdre à la rivière, il n'y a pas d'autre alternative que de la répandre sur le sol.

» Les tribunaux ont décidé que la décharge des égouts dans une rivière est une *nuisance*. Mais la loi ne peut pas, faute de pouvoirs plus étendus, faire disparaître cette cause de dommage.

» Il y a trente ans, on utilisait les matières des fosses et les autres immondices, directement sur le sol. De grands obstacles avaient été élevés contre l'établissement dans les maisons de drains communiquant avec les égouts; ceux-ci étaient exclusivement affectés au drainage des eaux de la surface. Le service de vidange était organisé; les maires des villes devaient veiller à ce qu'aucune matière nuisible ou putride fût jetée dans les cours d'eau, les étangs ou les mares. En introduisant l'usage des water-closet et des drains aboutissant aux égouts, les matières fécales ont été rejetées dans les égouts. Or, le transport de ces matières sur le sol est devenu ainsi beaucoup plus facile et plus économique que par le passé, parce qu'elles sont à l'état de suspension dans l'eau.

» Dans beaucoup de villes du Lancashire, où les fosses d'aisances ont été maintenues, à Manchester par exemple, la municipalité dépense 500,000 francs par an, en vidange et en transport et ne retire que moitié de cette somme de la vente de l'engrais. En supprimant les fosses et en exécutant les travaux nécessaires pour transporter les matières liquides sur les champs, ces villes réaliseraient de notables économies.

» Dans l'opinion des commissaires des égouts et du Board of Health, il ne fallait pas perdre de temps pour débarrasser les habitations de l'infection dangereuse, causée par les matières en putréfaction; une fois cette modification exécutée d'urgence, la loi serait respectée en prenant des nouvelles mesures pour protéger les cours d'eau et rendre au sol les déjections.

» La plupart des maisons à Londres et dans les autres villes anglaises, ont été ainsi débarrassées et il en est résulté une infection plus grande des rivières. Ce dernier mal s'étend au fur et à mesure que la distribution d'eau s'améliore, que le drainage des habitations se perfectionne et que la population augmente.... »

Le comité termine en demandant que les pouvoirs donnés par le « Local Government Act » pour la protection des cours d'eau soient étendus aux bassins des rivières, au lieu d'être restreints aux limites des villes, mais que les travaux continuent à être exécutés par les conseils municipaux.

Ces dernières recommandations ne devaient pas être oubliées, car au mois d'octobre de l'année dernière, une députation du Conseil municipal de Sheffield se présentait au Ministre de l'intérieur pour lui demander de présenter à la Chambre des Communes un bill qui empêchât la décharge de toutes matières nuisibles dans les cours d'eau. Le 9 décembre suivant, les corporations de Birmingham, Nottingham, Derby, Wolverhampton, Coventry, Preston et Bath tentaient la même démarche. Le bill fut, en effet, présenté dans la session de l'année courante et développé dans la séance du 9 mars 1865 par le même lord Robert Montagu, qui avait présidé l'enquête de l'année précédente. Mais ce bill pour la « *protection des eaux de rivière* » fut retiré pour faire place à un autre sur « *l'utilisation de eaux d'égout* » déféré à l'examen d'un comité spécial. Cette dernière loi votée par la Chambre des Communes est arrivée à la Chambre des Lords, d'où elle sortira à la prochaine session.

Tandis que les enquêtes aboutissaient aux résultats que nous venons d'exposer, le Conseil métropolitain des travaux publics menait à bonne fin les travaux de canalisation autorisés par le « Main Drainage Act » de 1858 et commencés en 1859, sous les ordres de l'ingénieur du Conseil, M. Bazalgette. Ces travaux gigantesques, étudiés d'abord par Foster, l'ingénieur de la Commission métropolitaine des égouts; approuvés plus tard par Robert Stephenson et W. Cubbitt; puis repris et modifiés par l'ingénieur actuel, M. Bazalgette, consistent dans l'établissement de trois collecteurs parallèles dirigés de l'extrême Ouest à l'extrême Est de Londres, qui coupent les égouts existant à angles droits, un peu au-dessous de leur niveau, de façon à concentrer les liquides sur un émissaire situé à 22 kilomètres en aval de London Bridge. Le plus grand volume de liquides est ainsi entraîné par la pente; le reste est élevé par des pompes.

Les réservoirs construits sur les bords de la Tamise, au point de décharge générale, peuvent déverser les liquides, à marée haute, dans le fleuve, de manière à ce que, délayés dans la plus grande masse d'eau possible, ils soient entraînés par le reflux jusqu'à 40 kilomètres en aval de London Bridge et ne puissent remonter par le jusant dans l'enceinte de la métropole. Une série d'essais directs avait en effet démontré que la décharge des liquides d'égout à marée haute, sur un point quelconque du fleuve, dans Londres, représentait la décharge sur un point situé à 19 kilomètres en aval, à marée basse. Ainsi, la construction des 19 kilomètres du collecteur aboutissant aux réservoirs de Barking Creek a eu pour effet de reculer de 38 kilomètres en aval de Londres, le point de décharge générale de la rive nord.

D'après les chiffres du rapport de M. Bazalgette, on concevra l'importance de l'entreprise à peu près achevée. Londres comprend actuellement 2,100 kilomètres d'égouts et 152 kilomètres de collecteurs. Le « Main Drainage » a nécessité, pour la rive nord seulement, l'emploi de 18 millions de briques, de 70 millions de mètres cubes de béton et le mouvement de 2,600,000 mètres cubes de terre.

La force des machines élévatoires est de 2,350 chevaux-vapeur correspondant à une consommation annuelle de 44,000 tonnes de houille, en admettant un travail de jour et de nuit. Le volume des eaux drainées par les collecteurs de la rive Nord est de 283,000 mètres cubes par jour et de 40,000 mètres cubes pour la rive Sud. Mais les travaux sont calculés en prévision d'un débit de 325,000 mètres cubes d'une part et de 165,000 d'autre part; non compris les eaux d'orage. Au total, les égouts nouvellement construits répondent à un débit de 1,700,000 mètres cubes d'eau par jour.

La dépense totale des travaux, quand ils seront terminés complètement, s'élèvera à 102 millions de francs dont l'intérêt et l'amortissement sont servis au moyen d'un impôt de 0ᶠ,30 sur les contribuables de Londres, qui représente une somme de 4,500,000 francs correspondant à un capital imposable de 365,000,000 francs. Le capital et les intérêts seront remboursés en quarante ans.

Les trois collecteurs parallèles de la rive Nord aboutissent près de Stratford à la station ou au dépotoir d'Abbey Mills , où les eaux sont élevées à 11 mètres dans le collecteur général qui se rend aux bassins de Barking Creek. Les machines à balancier, d'une force nominale de 1,140 chevaux, font mouvoir quatre pompes ; elles sont à condensation et à détente ; le diamètre des cylindres est de 1^m,37 ; la course du piston de 2^m,75 ; le volume d'eau élevé à 10^m,97 est de 425,000 litres par minute. La profondeur moyenne du réservoir de Barking est de 5^m,15 ; il est partagé en quatre compartiments qui recouvrent une superficie totale de 4 hectares et peuvent emmagasiner 190,000 mètres cubes. Le tout est voûté et recouvert au dessus de la surface par un remblai de terre qui surmonte de 0^m,60 la clé des voûtes. Les fondations de ce bassin ont dû être portées à une profondeur de 6 mètres de béton, à cause du peu de consistance du sol.

Sur la rive Sud , les deux collecteurs parallèles convergent vers le dépotoir de Deptford Creek, où les pompes élèvent les eaux dans un collecteur général dirigé sur les réservoirs de Crosness. Ce dépotoir renferme quatre machines de 125 chevaux, chacune pouvant élever par minute 283,000 litres à une hauteur de 5^m,50. Le collecteur qui va à Crosness a 3^m,66 de diamètre ; il est souterrain sur une longueur de 13 kilomètres, passe sous la ville de Woolwich à la côte de 15 à 25 mètres et débouche au milieu des marais d'Érith dans un réservoir recouvrant 2^{hect},5 de surface et tenant 100,000 mètres cubes. Une autre station à Crosness , la répétition de celle de Deptford , permet de pomper les eaux dans le réservoir qui écoule les eaux à marée haute dans la Tamise.

Nous en avons dit assez pour témoigner de l'intérêt de ces travaux. Sauf le parallèle inférieur de la rive Nord qui longera la Tamise sous les quais en cours d'exécution, l'entreprise gigantesque est achevée.

A peine le Conseil métropolitain mettait-il la main à l'œuvre, qu'il recevait des soumissions pour la concession des eaux aux émissaires de Barking et de Crossness. Le 27 janvier 1860, le Conseil en sollicita d'autres publiquement et le

6 juillet suivant, ces soumissions étaient reçues et renvoyées à l'examen d'un comité spécial qui déposa son Rapport le 3 janvier 1862. Plus tard, sur les conclusions du Rapport de la commission de la Chambre des communes, présidée en 1862 par le Dr Brady, le Conseil métropolitain dut demander de nouvelles soumissions au public, et le 10 juillet 1863, neuf soumissions ouvertes furent renvoyées à l'examen d'un nouveau comité qui remit son Rapport le 29 juillet 1863. Nous résumons les termes de ces diverses soumissions :

1° Le Dr Thudichum propose un système (analogue au système diviseur déjà appliqué à Paris) qui consiste à séparer les déjections liquides des matières solides par une installation mécanique et à les conduire par un égout spécial jusqu'à Barking.

2° M. Daniel Curwood suggère la séparation des matières solides et liquides.

3° Lord Torrington, sir C. Fox et M. Thornton Hunt demandent d'employer les eaux à l'arrosage sans indiquer par quel procédé ni quels terrains ils arroseront. Ils se bornent à annoncer leur intention d'acheter les terrains nécessaires à l'irrigation (8 à 10,000 hectares) et d'abandonner au Conseil un tantième pour cent à déterminer sur les bénéfices nets.

4° M. James Moore propose de prendre au compte d'une Compagnie, *Liquid Sewage Manure*, la totalité des eaux des égouts pour les appliquer à l'agriculture, pendant 90 ans. Le Conseil recevrait une redevance nominale pendant les quatorze premières années, et après cette période, la moitié des bénéfices provenant de la vente des eaux, après avoir déduit un intérêt de 10 % sur le capital versé ou tel autre intérêt déterminé par le Secrétaire d'État. Plus tard M. Moore annonce qu'il a engagé des traités avec des propriétaires possédant 25,000 hectares environ et offre de payer 1 centime par mètre cube d'eau élevé à 60 mètres; ce qui, d'après son calcul, correspondrait pour 360,000 mètres cubes d'eau par jour, à un revenu annuel de 3,400,000 francs.

5° M. Georges Sheperd, au nom d'une Compagnie s'intitulant *London and Provincial Sewage*, demande la jouissance des eaux pendant 50 ans, moyennant un intérêt garanti de 7 1/2 % par an du capital employé; au-delà de ce tantième, les bénéfices seraient également partagés entre la Compagnie et le Conseil. Après 50 ans, la Compagnie ne recevrait plus pour son capital qu'un intérêt de 5 %, avec partage égal des bénéfices.

6° M. Townsend, au nom d'une Compagnie « *London Sewage utilisation* » demande qu'on lui concède pour deux années, au prix annuel de 105 francs, le volume d'eaux qui lui serait nécessaire, et si ses expériences réussissaient, qu'on étende la concession à 21 ans; enfin, qu'après ce délai, la Compagnie paye le prix convenu à l'amiable entre les parties, ou fixé par arbitrage.

7° M. Charles Kirkman expose qu'il a inventé un système de désinfection et d'emploi des eaux, qu'il développera devant le Conseil avec des plans à l'appui, moyennant une rétribution suffisante; plus tard, il fait connaître son procédé fondé sur la décantation et le filtrage des eaux. Une usine sera construite à Barking-Creek, à la condition que le Conseil concédera le terrain nécessaire autour du réservoir, la jouissance des eaux et des quais; pendant les sept premières années, moyennant une redevance nominale; pendant les sept années suivantes, moyennant l'abandon d'un cinquième du bénéfice, après déduction d'un intérêt de 20 % sur le capital versé. M. Kirkman garantit le paiement d'une somme minimum de 250,000 francs par an et est prêt, deux ans après en avoir reçu la notification, à consigner l'usine au Conseil, à la condition que le capital dépensé lui soit remboursé, plus une prime de 25 % sur ce capital et 1 % de redevance pour l'usage de son brevet.

8° M. Ellis, au nom d'une Compagnie en formation (*London and Provincial Towns Sewage Irrigation*) offre de prendre les eaux des égouts de Londres aux réservoirs ou aux émissaires, de les élever par des pompes, sur les deux rives de la Tamise, à des niveaux suffisamment élevés pour les distribuer. Les eaux, avant d'être appliquées à l'irrigation, seraient désinfectées, si le Conseil l'exigeait. Le Conseil aurait la faculté de suspendre l'arrosage, quand il jugerait qu'il y aurait insalubrité. Si, dans le cas d'accident aux machines ou autrement, la Compagnie ne pouvait appliquer la totalité des eaux, elle serait autorisée à les déverser dans le fleuve après les avoir désinfectées ou épurées. Sur les bénéfices de la vente des eaux, la Compagnie recevrait un intérêt privilégié de 5 % pour le montant du capital versé; le reste serait également partagé entre elle et le Conseil. La direction serait confiée à un comité, dont la moitié des membres seraient élus par les actionnaires, l'autre moitié parmi les membres du Conseil métropolitain. La concession des eaux serait faite à perpétuité.

M. Ellis a développé ses propositions avec un devis pour l'installation et un aperçu des frais d'exploitation et des bénéfices.

9° Enfin, l'honorable William Napier et M. Hope se sont offerts, pour compte d'une compagnie intitulée : *Metropolis sewage and Essex Reclamation*, de prendre les eaux des égouts de la rive Nord de Londres et de les appliquer à l'irrigation de 8,000 hectares de sables, sur la côte du comté d'Essex. Les frais de premier établissement pour l'exécution de leur projet sont évalués à 50 millions de francs ; ils proposent d'obtenir du Parlement un acte qui constitue la société et leur permette de faire souscrire le capital nécessaire, en même temps que d'acquérir les terrains et les eaux appartenant à la Couronne et au Conseil métropolitain.

Le Compagnie recevrait les eaux des égouts de la rive Nord au dépotoir d'Abbey Mills et les conduirait par un collecteur voûté de 70 kilomètres de longueur, jusqu'aux Maplin Sands d'une part et aux Dengie Flats d'autre part. Ce collecteur, de 3 mètres de diamètre, serait établi sur six kilomètres et demi, à partir du dépotoir, avec une pente limite de 0^m,40 par kilomètre, jusqu'à un point où il serait nécessaire d'élever les eaux à 6 mètres. De là, le collecteur de mêmes dimensions, serait poursuivi tantôt en remblai, tantôt en déblai, mais avec la même pente, jusqu'à Battle Bridge, où commence la navigation de la rivière Crouch, à 45 kilomètres de distance du dépotoir; à Battle Bridge, les eaux seraient élevées à 3^m,65, dans le but d'augmenter la vitesse du courant et se distribueraient par deux branchements de dimensions moindres le long des rives de la Crouch. Le collecteur de la rive Nord, d'une longueur de 29 kilomètres, aboutit aux terrains *Dengie Flats* ; celui de la rive

sud , de 26 kilomètres de longueur , se rend aux *Maplin Sands*.
Ces deux localités représentent des relais de la côte d'Essex ,
mis à sec à marée basse sur plusieurs kilomètres de largeur
et sur 32 kilomètres de longueur. Ces immenses plages seront
facilement défendues contre l'envahissement de la mer par des
digues semblables à celles qui ont servi à créer les polders
de la Flandre et les watringues du nord de la France. On compte
garantir ainsi 3,000 hectares d'abord et finalement 8,000 hectares sur lesquels les eaux des égouts de la rive droite de
Londres seront déversées par des rigoles de niveau , comme à
Craigintenny, de manière à augmenter chaque année leur fertilité et après un certain temps à transformer par le colmatage
ces surfaces stériles en pâturages d'un revenu considérable.

Bien que ces sables puissent absorber la totalité des eaux,
les soumissionnaires proposent, sur un tiers du parcours du
collecteur qui se trouve à un niveau suffisamment élevé, de
construire de petits réservoirs ou toutes autres installations
nécessaires pour l'arrosage permanent ou intermittent des
terres situées à droite et à gauche du collecteur. L'arrosage
peut s'opérer ainsi par déversement sur 32,000 hectares de
terres cultivées et, au besoin, au moyen de machines élévatoires, cette surface peut être considérablement développée. Les
plages de Maplin absorberaient tout ce que la consommation
refuserait.

D'après les calculs des ingénieurs Hemans et Bateman, le
capital requis pour endiguer les relais, construire des collecteurs, élever les eaux aux deux stations intermédiaires , installer les rigoles d'irrigation , etc., est de 52 millions de francs.

Ce dernier projet, sur un rapport favorable de l'ingénieur
Bazalgette, avait déjà été accepté le 10 janvier 1862 par le
Conseil, mais sur les conclusions du comité de la Chambre des
communes demandant l'ajournement de toute solution, jusqu'à
plus amples informations, les concessionnaires , qui n'avaient
pas encore déposé leur cautionnement ne signèrent pas de
traité.

Le 15 novembre 1864, le Conseil , statuant sur l'ensemble des
soumissions qui lui étaient présentées, adoptait de nouveau le

projet légèrement modifié de sir William Napier et de M. Hope et déférait au comité de drainage la négociation d'un traité définitif pour l'emploi des eaux de la rive Nord.

Les conditions de ce traité figurent dans la loi du 19 juin 1865, qui constitue la Compagnie *Metropolis Sewage and Essex Reclamation*. La durée de la concession est de 54 années.

Durant les quatre premières années, les bénéfices réalisés appartiendront en entier à la Compagnie. À l'expiration de cette période, ils seront répartis, déduction faite des annuités pour les obligations et des frais d'exploitation, de la manière suivante :

1° Cinq pour cent d'intérêt au capital actions ;

2° Au-dessus de 5 jusqu'à 15 %, le partage sera fait par moitié entre la Compagnie et le Conseil métropolitain ;

3° De 15 à 25 %, un quart reviendra aux actionnaires et trois quarts au Conseil ;

4° Au-delà de 25 %, le partage se fera encore par moitié.

Après 34 ans, le Conseil métropolitain a le droit, en prévenant deux années à l'avance, de faire réviser ces conditions.

Le capital, autorisé par la loi du 19 juin, pour faire face aux dépenses, s'élève à 52,500,000 francs ; mais la Compagnie peut émettre jusqu'à concurrence de 17,500,000 francs d'obligations. Le capital actions est réparti en 21,000 titres ou certificats de 2,500 francs chacun qui seront subdivisés, après libération, en actions de 250 francs.

La Compagnie a par la loi, tous pouvoirs pour faire les travaux d'endiguement, de dérivation, de conduite, de drainage et d'irrigation, sous la surveillance des commissaires des égouts ; d'affermer, d'hypothéquer, de vendre ou d'échanger tout ou partie des terres conquises sur la mer. Elle reçoit à Barking-Creek les eaux d'égout à un niveau minimum de 1^m,83 au-dessus de l'étiage de Trinity (Londres), sans payer aucun intérêt au Conseil sur les 75 millions qu'ont coûté les collecteurs aboutissant à Barking.

Le volume des eaux que la Compagnie devra enlever ne pourra excéder 340,000 mètres cubes par 24 heures.

D'après un marché passé avec le principal entrepreneur des collecteurs de Londres, les dépenses de construction de l'aqueduc principal (3 mètres de diamètre sur 60 kilomètres de longueur) conduisant à Maplin Sand, y compris les réservoirs des stations, les pompes, les prises d'eau, les regards, etc., s'élèveront à . . . . fr. 46,161,000

Les sommes à verser par les actionnaires de la Compagnie aux concessionnaires, à . . » 750,000

Les acquisitions de terrains, les frais d'études, d'actes, d'administration, etc., plus l'intérêt à 5 pour 100 par an du capital social pendant les trois ans que durera la construction, à . . . . » 13,089,000

Fr. 60,000,000

La Compagnie pourvoira, par un emprunt de 7 millions et demi, à ce qui manque à son capital de 52 millions et demi.

D'ailleurs, la Compagnie, en se basant sur les résultats agricoles déjà constatés et sur le prix de 0^f,10 à 0^f,20 assigné par les agriculteurs au mètre cube d'eaux d'égout et dans l'hypothèse d'un emploi de 120 millions de mètres cubes d'eaux par an, compte réaliser annuellement un bénéfice de 18 millions de francs, à partager, comme il a été stipulé, avec le Conseil métropolitain. La dépense annuelle ne dépasserait pas, dans son estimation, le chiffre de 1,250,000 francs.

Quelque exagération que présentent ces chiffres, la Compagnie aurait, à notre avis, résolu le problème au-delà de toutes espérances, si elle pouvait, à l'expiration de sa concession, payer un intérêt de 10 pour 100 à ses actionnaires, au lieu du taux de 34 pour 100 énoncé dans ces circulaires. Il y a, en effet, à tenir compte dans ces appréciations d'une foule d'inconnues que la pratique seule peut permettre de déterminer avec certitude ; une des plus importantes est la constitution même des 8000 hectares de sable, arrosés jusqu'ici par la mer, et sur lesquels les prairies permanentes ne pourront qu'à la longue atteindre un degré de fertilité comparable à celui des prés de Craigintenny.

D'après nos dernières informations le capital de la nouvelle Compagnie vient d'être souscrit et les travaux pour lesquels la loi accorde un délai de dix ans, ne tarderont pas être commencés. Les concessionnaires ont annoncé qu'ils seront terminés en trois ou quatre ans : d'ici là, ils se proposent de faire des essais en grand, au fur et à mesure de l'avancement du conduit principal.

IX. — PARIS.

Par la création de la Compagnie *Metropolis Sewage*, Londres a résolu la question sanitaire et la question agricole, du moins pour la partie la plus importante de ses égouts. Le système *assainissement* et *restitution* inauguré par le *Board of Health* est complet aujourd'hui. Plus de fosses d'aisances, plus de dépotoir, plus de voirie; toutes les immondices de cette immense agglomération sont entraînées, sans offenser la vue, ni l'odorat, par les eaux distribuées en abondance dans chaque maison et sur la voie publique; puis finalement rejetées, loin des murs, sur les terres en culture ou sur des plages stériles qu'elles transformeront bientôt en vastes prairies. Ces prairies, à leur tour, fauchées quatre ou cinq fois l'an, enverront sur les marchés la nourriture verte nécessaire aux vaches laitières et à l'engraissement des bœufs qui alimentent la grande capitale.

Ainsi, la loi du *circulus* formulée par Pierre Leroux est réalisée !

Paris, au contraire, est encore aujourd'hui *dotée* de tous les inconvénients inhérents aux fosses d'aisance, sans offrir, on peut le dire, qu'une très-faible compensation sous le rapport agricole. Malgré tous les efforts tentés par l'administration éclairée qui gère les intérêts de cette ville tant vantée par « la » splendeur de ses monuments, la culture des arts, les mer- » veilles de l'élégance et du goût, » l'assainissement reste ce qu'il était, au point de vue du maintien des vidanges à ciel ouvert et de l'infection de l'atmosphère et des eaux qui coulent dans Paris.

Les règlements de police ont d'abord exigé que les fosses fussent étanches, puis que les matières y fussent désinfectées

avant leur extraction (1); enfin, ils ont autorisé les entrepre-
neurs et les propriétaires à transporter les matières solides dans
les locaux indiqués, en enjoignant d'écouler les liquides, après
désinfection, sur la voie publique, sinon de les emmener directement au dépotoir de la Villette (2). De ce dépotoir, où
viennent se déverser journellement dans des réservoirs voûtés
les tonneaux de vidange, les matières sont refoulées par
une pompe à vapeur jusqu'à la nouvelle voirie de Bondy, située
à 10 kilomètres de distance.

En même temps, un décret du 26 mars 1852 prescrit la
projection directe dans les galeries d'égout des eaux pluviales
et ménagères de chaque propriété. En conséquence, les propriétaires ont eu à établir, avant 1862, du pied de la façade de
leurs bâtiments à l'égout voisin, des galeries transversales pour
y déverser les eaux domestiques; l'écoulement sur les trottoirs
a été supprimé.

En 1854, le Conseil de salubrité de la Seine, pensant que la
désinfection était « définitivement passée de la théorie dans la
» pratique » et qu'un des moyens de la faciliter était la séparation des matières dans les fosses, faisait rendre une nouvelle
ordonnance (3) d'après laquelle il était enjoint aux propriétaires
de faire établir des murs pour cette séparation, dans toutes les
fosses fixes ou mobiles. Cette ordonnance qui régit encore les
vidanges, maintient l'écoulement direct et permanent des
liquides des fosses préalablement désinfectés par les galeries
souterraines ou par des tuyaux extérieurs aboutissant à la
bouche de l'égout le plus proche, et exige que les propriétaires conservent dans les fosses, le vide nécessaire pour
l'introduction et le brassage des matières désinfectantes.

Le Conseil a été tellement convaincu de l'efficacité de la
séparation des matières denses pour l'assainissement des
habitations, qu'il s'est appliqué à étendre l'emploi d'appareils

____

(1) Ordonnance du 12 décembre 1840.
(2) Ordonnance du 18 décembre 1850.
(3) Ordonnance du 29 nov. 1854.

diviseurs, mais sans grand succès ; ce qui ne l'empêchait pas de déclarer que « les vidanges, telles qu'elles se pratiquent en » suivant les prescriptions de l'ordonnance de 1854, ont reçu » toutes les améliorations compatibles avec l'état de choses » existant. S'il insiste sur le maintien provisoire de cet état de » choses, c'est que la pratique, ici d'accord avec la théorie, » lui donne raison et que les critiques dont il a pu être l'objet » n'ont apporté pour le remplacer que des systèmes plus ou » moins réalisables (1). »

M. le préfet de la Seine ne paraît pas partager entièrement l'avis du Conseil sur l'inutilité de nouvelles modifications dans le service des vidanges, quand, dans son premier mémoire sur les Eaux de Paris, il constate que « les procédés de désinfection » qu'on emploie n'empêchent pas une odeur fétide de se ré- » pandre dans les rues. Les liquides plus ou moins saturés » de substances neutralisantes, dont on croit pouvoir tolérer » l'écoulement dans les ruisseaux sous la foi de cette opération » préliminaire, promènent au loin leurs émanations nauséa- » bondes et vont ensuite exciter par leur mélange avec les » résidus de toute espèce qu'entraînent les égouts souterrains, » une fermentation dont l'effet est de rendre plus intenses et » plus délétères les vapeurs qui s'en échappent. L'arrivée de » 200 voitures descendant chaque nuit dans la ville pour en- » lever le surplus des matières extraites des fosses, le travail » nocturne des vidangeurs, le chargement des tonneaux, le » retour de ces foyers ambulants de miasmes insalubres à la » Villette, emplissent Paris de bruit et vicient l'air qu'on y » respire. »

Pour compléter ce tableau, M. le préfet ajoute : « A certaines » heures, on dépose les ordures et les immondices des maisons » sur la voie publique. Trop souvent les pieds des chevaux et » les roues des voitures les dispersent ; il faut les balayer pour » les remettre en tas et les charger sur des tombereaux. Afin

---

(1) *Rapport général sur les travaux du Conseil d'hygiène publique, etc.*, de 1849 à 1858, par Ad. Trébuchet. Paris, 1861, p. 93 et 94.

» de mieux assurer la propreté et l'assainissement de la ville,
» ne pourrait-on pas ouvrir dans les cours des maisons des
» trémies par lesquelles toutes ces saletés seraient descendues
» dans les galeries où l'on recueillerait, pour le transporter au
» loin, ce que les chasses d'eau ne suffiraient pas à enlever?
» On ne rencontrerait plus alors ces tombereaux sordides
» et infects qui s'arrêtent à chaque pas, interrompent la course
» des autres voitures, et répandent, sur leur route, les débris
» sans nom qu'ils contiennent et les émanations révoltantes
» qui s'en exhalent. »

Malgré ces suggestions, très-hardies apparemment, l'état
de choses ainsi stigmatisé par le chef de l'édilité parisienne,
subsiste sans modification, à moins qu'on ne considère comme
une amélioration, lorsque le choléra vient faire heureusement
une courte visite dans la capitale, d'interdire le coulage des
eaux vannes (désinfectées) à l'égout. Comme si, en présence
de la vidange pratiquée sans écoulement, de l'enlèvement des
immondices tel qu'il s'opère chaque jour et au moment où l'on
dispose de 20,000 mètres cubes d'eau pure, en plus de la consommation habituelle, cette mesure isolée pouvait exercer une
influence sérieuse sur la santé générale !

Sous tous les autres rapports, Paris a fait des pas énormes
dans la voie de l'assainissement ; personne ne saurait le con-
tester. Le plan grandiose conçu en haut lieu et très-habilement
interprété et exécuté par le préfet, a transformé complètement
l'aspect de la ville et les conditions d'aération de quartiers en-
tiers. En dehors des travaux d'embellissement, les larges voies
nouvelles, les plantations, les squares, les parcs-promenades,
le drainage et le pavage des chaussées, etc., concourent au
même but : la ventilation et la purification de l'atmosphère.

Sous le rapport des eaux, des établissements hydrauliques
ont été construits en amont des égouts pour permettre, par de
nombreuses fontaines et des bouches sous trottoirs, d'étendre
les services publics d'arrosage et de lavage. En attendant que
les eaux de la Marne soient dérivées et que le grand aqueduc
de la Somme-Soude vienne jeter dans la consommation plus de
60,000 mètres cubes d'eaux potables, les eaux des sources de la

Dhuis ont été conduites à Paris par un aqueduc de 135 kilomètres, et les quartiers hauts ont déjà à leur disposition 20,000 mètres cubes d'eaux fraîches et limpides.

Les travaux de canalisation ne le cèdent en rien comme importance à ceux entrepris pour améliorer la distribution des eaux potables. En 1858, le développement total des égouts de la ville était de 170,000 mètres environ. Les avant-projets présentés à cette époque au conseil municipal, comportaient la construction de 290,000 mètres en plus, représentant une dépense de 40 millions, à répartir, il est vrai, sur un grand nombre d'années. La plupart des égouts de construction urgente, nécessités par l'écoulement des eaux vers un émissaire général, et par l'extension de l'ancien Paris sont achevés, entr'autres, les collecteurs posés sous les grandes voies parallèles à la rivière, qui débouchent dans le collecteur général de 6 mètres de diamètre horizontal. Ce dernier coupe, en raccourci, le faîte compris entre le pont de la Concorde et le pont d'Asnières et verse à Asnières les produits de la rive droite. Sous peu, il sera rejoint par le collecteur de la rive gauche, qui passera en siphon vers le pont de la Concorde sous le fleuve. Enfin, les îles de la Cité et Saint Louis, drainées à leur tour par un groupe d'égouts, aboutiront également par des siphons aux collecteurs de la rive droite. Pour le cas des grosses pluies seulement, ceux-ci sont en communication directe avec la Seine par des déversoirs ; chaque collecteur perpendiculaire aux quais, entraîne également les eaux torrentielles vers ces déversoirs, de sorte que l'inondation superficielle est empêchée. Néaumoins, il n'est pas difficile de concevoir ce qu'est et ce que deviendra pour les localités où il débouche, ce courant épais et noirâtre, représentant actuellement un flot d'environ 1 mètre cube à la seconde. Asnières, hier encore un lieu de villégiature pour la classe moyenne et ouvrière, demain un faubourg de la grande ville, soudé aux habitations somptueuses du quartier Malesherbes et Courcelles, est devenu un foyer d'infection. Saint-Denis, Épinay, Montmorency se plaignent de la rivière boueuse qui passe au dessous d'elles.

De sorte que Paris, qui se donne comme type au monde

entier, tout en maintenant la lèpre de la vidange dans ses murs, a fini par empester le fleuve qui jadis l'assainissait.

L'administration a étudié toutes les dispositions utiles pour atténuer les causes de cet empoisonnement des eaux et de l'atmosphère. Un bateau-vanne arrête le flot et le change en un courant de fond violent qui affouille les dépôts formés et les chasse devant lui sur un parcours de quelques kilomètres. A 'embouchure en Seine, une grille pendante à contre courant, laisse passer les sables dans le bas et arrête tous les corps flottants que des griffes sans cesse en mouvement permettent de recueillir pour en faire de l'engrais. Plus loin, un barrage à mi-hauteur fait descendre les eaux en cascade et une drague à vapeur enlève les sables amoncelés. Enfin, une hotte, par l'appel énergique d'un foyer à coke, attire les gaz et les brûle.

Mais ces dispositions, qui sont loin de représenter un filtrage même grossier, laissent dans les eaux d'égout toutes les parties fines en suspension et la masse de substacces dissoutes, dont le fleuve est impuissant à achever la combustion.

Pour rechercher les motifs qui ont arrêté jusqu'ici toutes les tentatives d'utilisation de ces eaux, il faut envisager ceux qui, dans l'esprit de l'administration, entravent l'écoulement des fosses d'aisance.

1. « Ainsi, l'écoulement direct des matières excrémentitielles et des immondices à l'égout aurait pour résultat inévitable l'infection des galeries, dont la pente ne peut être que très-faible, d'après le relief du sol de Paris, et qu'aucune chasse d'eau, si forte qu'elle soit, n'assainit jamais complètement. D'ailleurs, délayées à certains jours par les eaux pluviales et dans tous les temps par les eaux du service public, les vidanges perdraient toute puissance fécondante. »

L'objection tirée de l'infection des égouts n'est pas sérieuse. Paris, est, comme relief, dans une situation peut-être meilleure que Londres. Les égouts y ont, en général, une pente plus forte; leur construction est plus soignée; leurs dimensions moyennes plus grandes; tous les égouts sont rattachés à un ensemble bien mieux étudié qu'à Londres, et dans un temps qui ne peut être éloigné les constructions de l'ancien réseau

auront été ramenées aux différents types de galeries récemment
adoptés. Au demeurant, rien n'empêche d'organiser un service
de chasse plus puissant et quand bien même ce service ne
serait pas suffisant dans certains quartiers exceptionnellement
bas, les moyens artificiels de ventilation appliqués avec succès
à Londres sont applicables à Paris.

Quant à la dilution des vidanges, elle facilite l'emploi des
liquides, non pas au point de vue de la précipitation, ce qui
est reconnu à peu près impossible, mais au point de vue de leur
utilisation à l'arrosage ; la puissance fécondante n'y a que gagné.
A Vaujours, les liquides ont dû être étendus de quatre à cinq
fois leur volume d'eau pure. Edimbourg, Croydon, Carlisle, etc.,
arrosent avec des eaux qui tiennent en moyenne 2 grammes de
matières solides par litre, tandis que les liquides troubles de
Bondy en renferment 27 grammes, et les liquides des bassins,
après le dépôt des matières pour la fabrication de la poudrette,
12 grammes.

2. « L'Administration a pensé qu'il serait possible de retenir
dans les fosses sans aucun déchet et d'y ramener sous un faible
volume d'un transport facile, l'engrais qu'elles renferment. Des
appareils ou filtres spéciaux permettraient non seulement de
séparer les liquides des matières denses, mais encore de con-
contrer dans celles-ci toutes les substances chargées de miasmes
et les principes fertilisants de ceux-là. Les liquides versés à
l'égout seraient rendus ainsi inoffensifs et inutiles. Les résidus
solides seraient emportés dans des brouettes ou tinettes, chargées sur des waggonets qui rouleraient sur les banquettes des
égouts jusqu'à l'extrémité de la ville où l'on dirigerait leur
contenu sur des fabriques d'engrais. »

Aucun appareil, aucun traitement économique ne justifie la
confiance de l'Administration dans les progrès de la science
appliquée à la désinfection de ces matières. Aucun engrais
ayant une valeur proportionnelle à la dépense faite, ne peut
en être extrait à l'aide de réactifs chimiques. Ce problème eût-il
été résolu, que l'on s'explique difficilement à qui la manipulation
aurait pu être confiée; et comment les galeries à petite section
aurait pu se prêter à des manœuvres aussi souvent renouvelées
sur des masses aussi considérables des résidus solides?

3. « Enfin, on a songé à supprimer les fosses et à faire aboutir les tuyaux de descente à des conduites spéciales qui trouveraient place dans les galeries et dont le réseau serait soumis à l'action de machines aspirantes et foulantes, comme entre la Villette et Bondy. » Ce système a été exposé en 1857, devant le Conseil de salubrité, par M. Mary, inspecteur-général des ponts et chaussées.

Outre la dépense qu'entraînerait le premier établissement de ces conduites affectées uniquement aux liquides des fosses, on ne voit pas dans quel but on réunirait sur plusieurs points de la ville ces eaux très-riches pour les mettre à cet état à la disposition des agriculteurs. L'expérience du dépotoir de Bondy est là. « Est-ce par suite de la cherté des transports ? Est-ce par » suite de la quantité d'eau mêlée aux urines que ces liquides » ne sont pas recherchés ? Faut-il attribuer cet état de choses » aux préjugés des cultivateurs des environs de Paris, qui n'ont » généralement confiance que dans les boues sortant de cette » ville ? Ce qui est certain, c'est qu'ils ne font aucun emploi des » eaux vannes, et ce qui le prouve, c'est cette grande accumu- » lation de liquides qui se trouve à Bondy et qui sont jetés à la » Seine (1). » Voilà pour les liquides qui représentent les 19/20ᵉˢ des produits des fosses et la partie de beaucoup la plus riche en principes fertilisants !

On sait, d'autre part, de quelle manière barbare les matières solides sont transformées en poudrette. La perte des 7/10ᵉˢ de l'azote n'est qu'un des inconvénients du procédé suivi pendant quatre et six années consécutives sur les matières pâteuses pour les réduire à l'état pulvérulent. Pendant toute la durée de la dessiccation, la masse est en proie à une fermentation des plus intenses et on y ressent, dans tous les temps, une odeur des plus fétides qui se répand au loin sur la campagne et rend impossible le voisinage de la voirie.

Les industries qui traitent les eaux vannes pour en retirer les sels ammoniacaux ou le phosphate magnésien ; les fabriques

---

(1) *Rapport général sur les travaux du Conseil d'hygiène, etc.*, p. 95.

de chaux animalisée, etc., trouveront ailleurs leurs matières premières.

Au lieu donc de créer de nouveaux dépotoirs, ne conviendrait-il pas de supprimer au plus vite celui qui existe et les dépenses y afférentes.

Dans l'état actuel, le dépotoir de la Villette reçoit annuellement en matières solides ou liquides   250,000 m. c.

On écoule directement dans les égouts environ 200,000

Total ,   450,000

Les propriétaires à Paris payent 8 francs en moyenne par mètre cube projeté dans l'égout ou transporté au dépotoir, soit par année 3,600,000 francs.

L'évacuation totale et constante des matières à l'égout, annulerait un impôt aussi excessif, ou du moins le rendrait disponible pour d'autres travaux.

« Si l'on calculait, dit M. le préfet, le temps et l'argent
» qu'absorbent chaque année l'extraction, la désinfection, le
» transport des vidanges, le charroi des immondices, le dépla-
» cement, le replacement des pavés, etc., on reconnaîtrait
» peut-être qu'il en coûte plus pour maintenir un régime que
» la civilisation désavoue, pour remplir la ville de lourdes et
» odieuses voitures, d'embarras sans cesse renouvelés, de
» bruits nocturnes, d'odeurs méphitiques (par lesquels le sé-
» jour de la ville devient incommode et insalubre sous prétexte
» de propreté), qu'il n'en coûterait pour perfectionner, con-
» struire, achever une bonne canalisation de Paris ; » et nous
ajoutons, qu'il n'en coûterait pour rejeter ces précieux produits hors de la banlieue habitée et fertiliser des surfaces consacrées à la culture des produits consommés par la capitale.

Déjà, à l'exemple de Londres, le Conseil supérieur d'hygiène en Belgique, a conclu que l'accumulation dans les fosses, ainsi que la vidange et le transport des matières, par quelque procédé qu'ils s'opèrent, ne peuvent être que nuisibles à la santé publique, et qu'il importe, pour la salubrité comme pour l'agriculture, que ces matières soient dirigées par des canaux hors de l'enceinte des villes.

L'Administration de Paris s'est décidée, il y a quelques jours, à annoncer qu'à peu de distance d'Asnières, elle allait mettre en adjudication les travaux d'un barrage qui, construit dans l'intérêt de la navigation, créera une force hydraulique de plus de mille chevaux, à l'aide de laquelle on élèvera les eaux d'égout, pour en débarrasser définitivement le fleuve et les refouler sur des plateaux sablonneux où elles pourront être utilisées par l'agriculture. Une Commission, composée des agriculteurs et des savants les plus compétents, étudie les moyens d'utilisation de cette richesse.

Le projet dont il est ici question, est sans doute celui dont M. Mille, ingénieur en chef des ponts et chaussées, a indiqué les bases dans diverses publications et notamment dans ses rapports adressés à M. le préfet de la Seine « sur les Irrigations et les Prairies à marcites du Milanais » et sur « Marseille et le Canal de la Durance. »

M. Mille, avec une ardeur et une persévérance dignes de tous éloges, cherche depuis de longues années à vulgariser en France les principes hygiéniques du *Board of Health*. Rien n'a été négligé, dans ses nombreuses visites en Angleterre, en Italie et en Espagne, pour arriver à la connaissance intime des méthodes d'irrigation en usage; pour les essais de Vaujours avec les liquides de Bondy, M. Mille a voulu assister M. Moll dans tous les détails techniques et pratiques de l'arrosage par le système tubulaire.

Le projet qu'il a étudié pour l'utilisation des eaux d'égout de Paris, d'après ce qui a été publié, se résume ainsi :

Créer par un barrage de navigation placé à Asnières une force motrice de 2,400 chevaux, réduite en effet utile à 1,200 chevaux, pour élever et refouler les eaux à la cote de 40 mètres au-dessus du radier du collecteur; cette cote correspond au col de Sannois où se déprime le faîte des collines qui séparent la vallée de la Seine, de celle du lac d'Enghien et de Montmorency. Au pied de ces collines, se trouvent au sud les plaines d'alluvions anciennes, dans lesquelles la Seine serpente trois fois entre Genevilliers et Saint-Germain; et au nord, les sables moyens et la plaine du calcaire grossier perméable de Pontoise. Le canal d'arrosage atteignant ce territoire pourrait couler partout; il se diviserait suivant trois lignes : la première ascendante, livrée aux eaux forcées, arroserait la plaine de Genevilliers qui comprend plus de 1,500 hectares d'un sol stérile où la culture céréale ne prospère qu'à l'aide des boues et des fumiers de de Paris; la seconde, descendante et parcourue par les eaux libres, suivrait la pente du coteau d'Argenteuil, tomberait une première fois à la Seine, à la Frette sous-Herblay, poursuivrait par un siphon, couperait les garennes sableuses qui terminent la forêt de Saint Germain et enfin se déverserait au point bas d'Andressy, au-dessus de la bouche de l'Oise et en dehors de l'île de France. La troisième branche, se développant sur le revers opposé des collines, irait à l'Oise par la vallée de Montmorency.

Quel que soit le sort réservé à ce projet appliqué à la seule partie des environs de Paris où l'arrosage parait possible, par suite de la perméabilité des terrains et de l'écoulement des eaux, après désinfection, vers la rivière, il est difficile d'admettre qu'une Compagnie puisse, comme à Londres, se charger d'une pareille entreprise sans avoir préalablement acheté une surface très-considérable, pour utiliser la plus grande partie des eaux et surtout, sans avoir acquis la certitude que les égouts recevront, par suite de la suppression des fosses, les déjections de la population parisienne.

L'administration, qui n'a pas craint de mettre en réserve une somme de sept millions de francs pour couvrir les indemnités d'expropriations et les acquisitions, lorsqu'il s'est agi de construire l'aqueduc de dérivation des eaux de la Somme-Soude, serait plus intéressée et plus en mesure qu'une Compagnie, à assurer par des achats de terrains appropriés, le succès d'une entreprise dont les débuts seront pénibles, en présence surtout de l'élévation mécanique des eaux et du changement radical que l'arrosage devra apporter dans la culture des localités desservies par le canal. Ce n'est qu'à la condition d'irriguer de vastes prairies permanentes ou artificielles que l'on pourra absorber la totalité des eaux d'Asnières; ces prairies sont à créer; les autres cultures céréales ou maraîchères, contrairement à ce que M. Mille suppose, et d'après l'expérience acquise aujourd'hui, ne recourront aux eaux que pour des arrosages temporaires, d'une importance minime. En tous cas, sans les matières fécales qui apportent à l'état de dilution des principes essentiels à la fertilité du sol, acide phosphorique, potasse et azote, les irrigations ne sauraient offrir aux fondateurs d'une Compagnie un intérêt de spéculation suffisant, ni une garantie de bénéfice assez sûre pour le capital engagé.

L'adoption du projet de M. Mille entraîne donc, à notre sens, la suppression des fosses et des voiries.

Nous faisons des vœux ardents pour que la commission chargée par la ville d'étudier la question, la tranche au plus vite dans le sens indiqué par la pratique de l'Angleterre et pour que, dans le langage imagé de M. le préfet de la Seine « la statue d'or n'ait pas plus longtemps des pieds d'argile. »

Paris, ce 20 octobre 1865.

TABLE DES MATIÈRES.

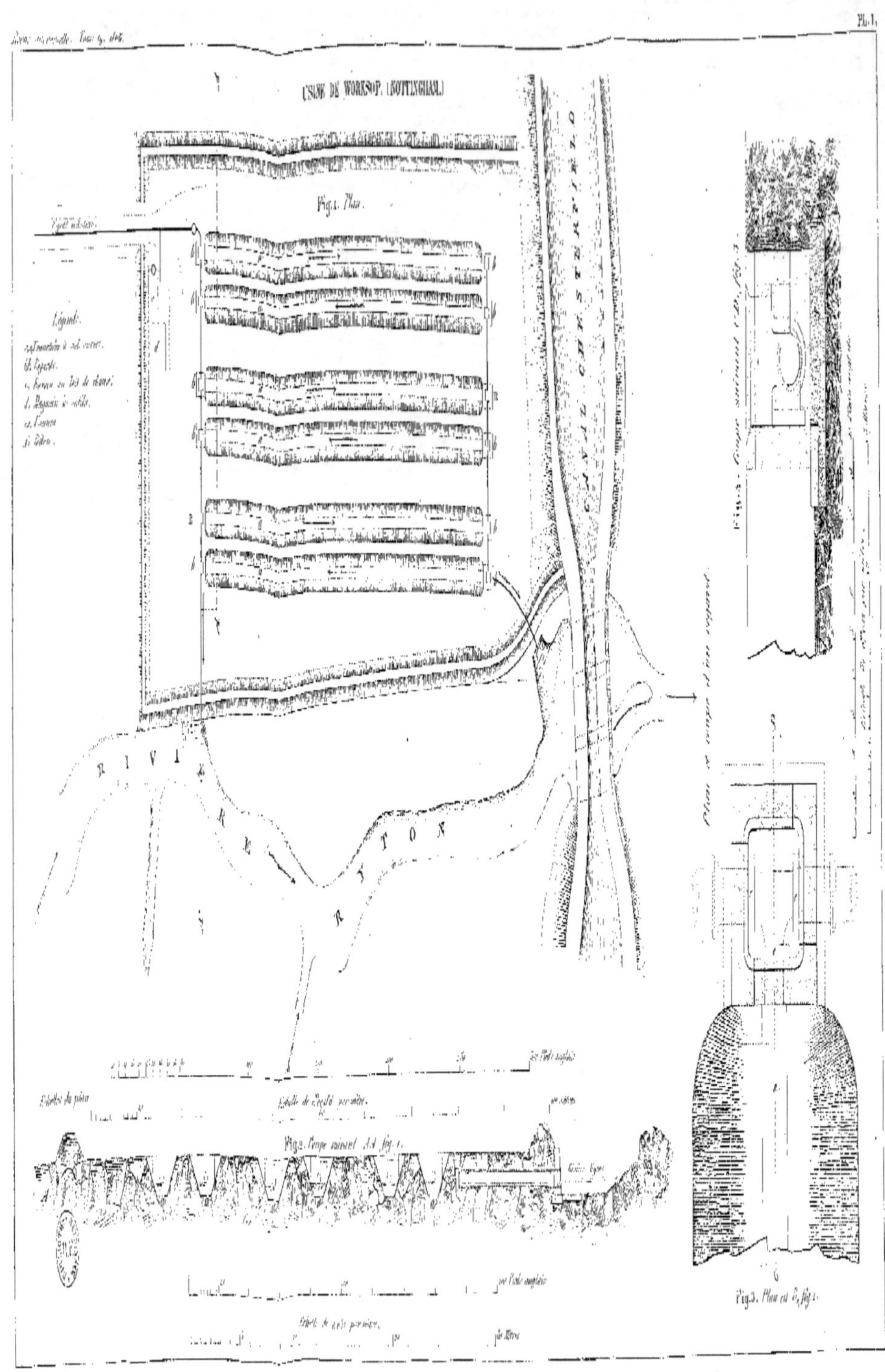
USINE DE WORKSOP. (NOTTINGHAM.)
Fig. 1. Plan.
RIVIÈRE RYTON
CANAL CHESTERFIELD
Légende.
Fig. 2. Coupe suivant A B, fig. 1.
Fig. 3. Plan en P, fig. 1.

USINE DE CHELTENHAM (GLOUCESTER)

Fig. 2. Coupe longitudinale suivant CD, fig. 1.

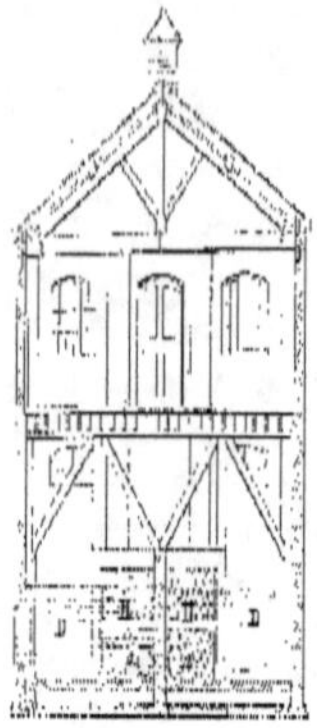

Fig. 3. Coupe transversale suivant IJ, fig. 1.

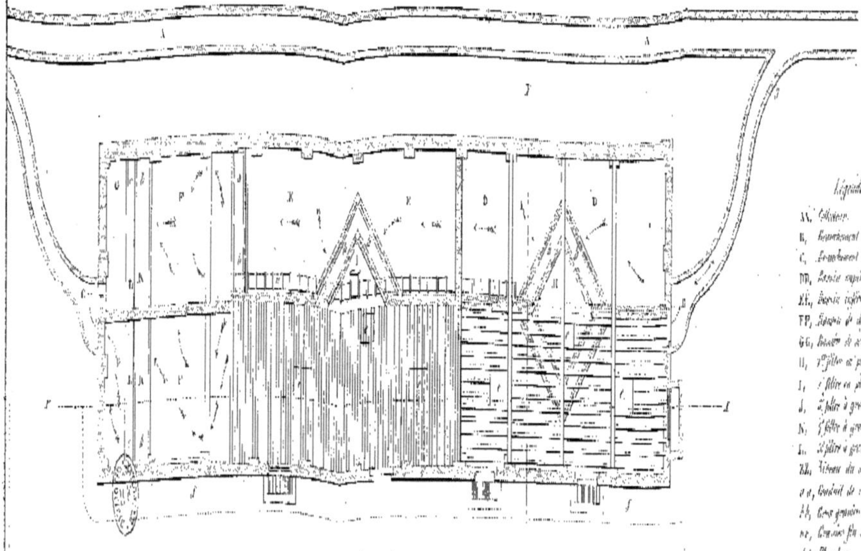

Fig. 1. Plan.

Légende.

AA, Collecteurs.
B, Embranchement à l'entrée.
C, Embranchement à la sortie.
DD, Bassin supérieur.
EE, Bassin inférieur.
FF, Bassin de déversoir.
GG, Bassin de sortie.
H, 1ere filtre ou planches percées de 1 p.
I, 2e filtre en planches de 1 po.
J, 3e filtre à gros gravier.
K, 4e filtre à gros gravier.
L, 5e filtre à gravier fin.
M, Niveau du ciel.
a a, Conduit de 1ere p.
b b, Gros gravier.
c c, Gravier fin.
d d, Plancher.
e e, Trappes dans le plancher.
f, Caisson de potence.
g, Ligne d'embarcation.
h, Wagons à lait de chaux.
i, Déversoir de Wagons.
j, Toiture en ardoises.

Échelle de 5 m/m par mètre.

Échelle de 5 m/m par mètre.

USINE DE CHELMSFORD. (ESSEX)

Fig. 2.

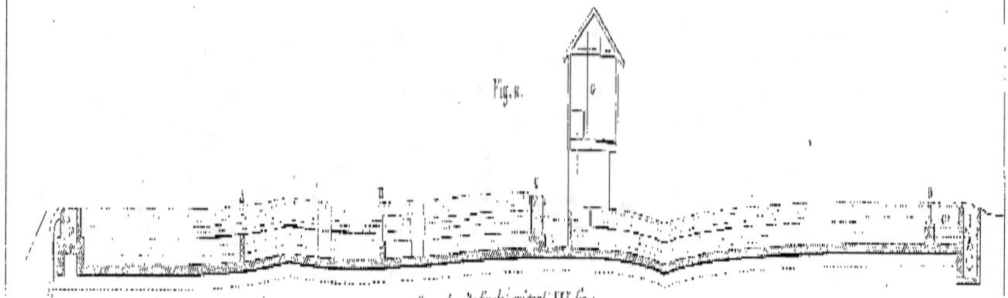

Coupe longitudinale suivant XXX, fig. 1.

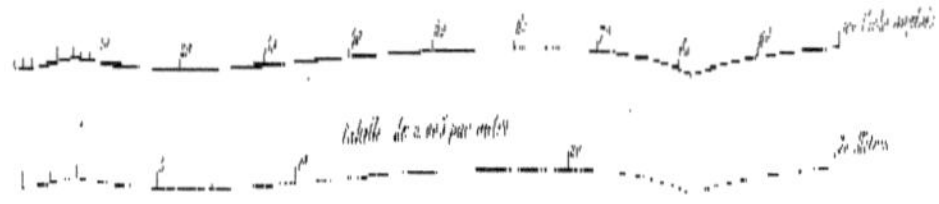

Echelle de 2 m/m par mètre

Fig. 1.

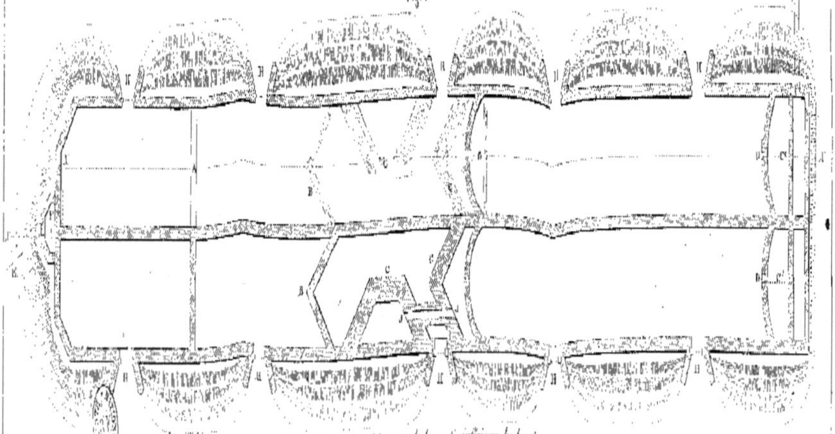

Plan de la partie supérieure et de la partie inférieure des bassins.

Légende.

A, Petit mur d'arrêt des matières solides.
B, Murs perforés pour retenir les matières légères.
CC, Filtres verticaux en tôle, perforés avec ...
C'C', Filtres horizontaux avec ...
D, ... avec rigole inférieure
E, Conduite d'entrée des eaux, ...
F, Bassin d'admission des eaux.
G, Bâtiment de préparation du lait de chaux.
HH, ...
I, Conduite de sortie des eaux filtrées et épurées.
JJ, Rigole inférieure de communication entre les filtres C'C'.

[illegible]

USINE D'ELY. (CAMBRIDGE).

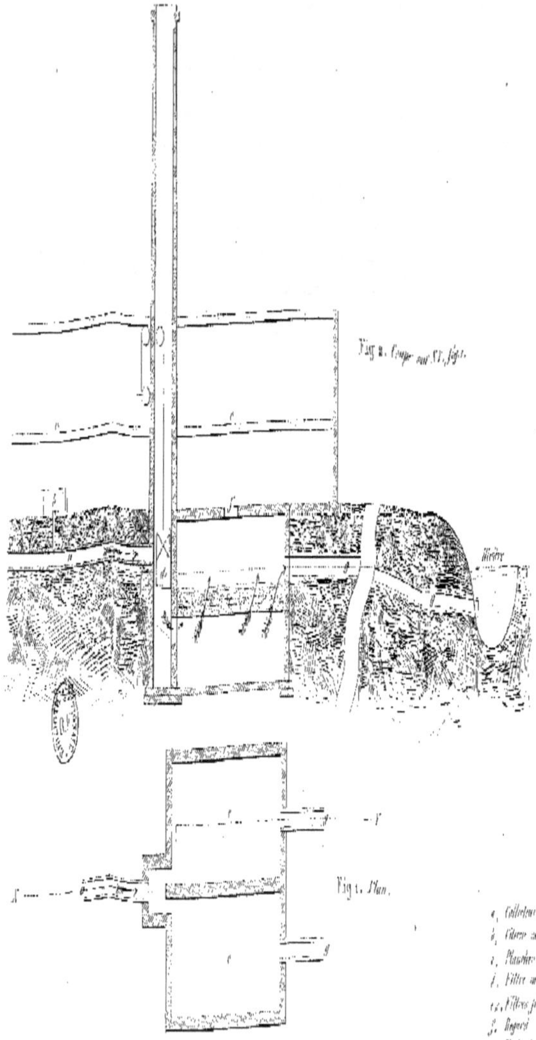

Fig. 2. Coupe suit XY, fig. 1.

Fig. 1. Plan.

Légende.

a, Collecteur.
b, Citerne au mélange désinfectant.
c, Planches du séchoir.
d, Filtre mobile.
e f, Filtres fixes par entonnoir.
g, Regard.
e g, Raccordement.

Échelle de 0,010 par mètre.

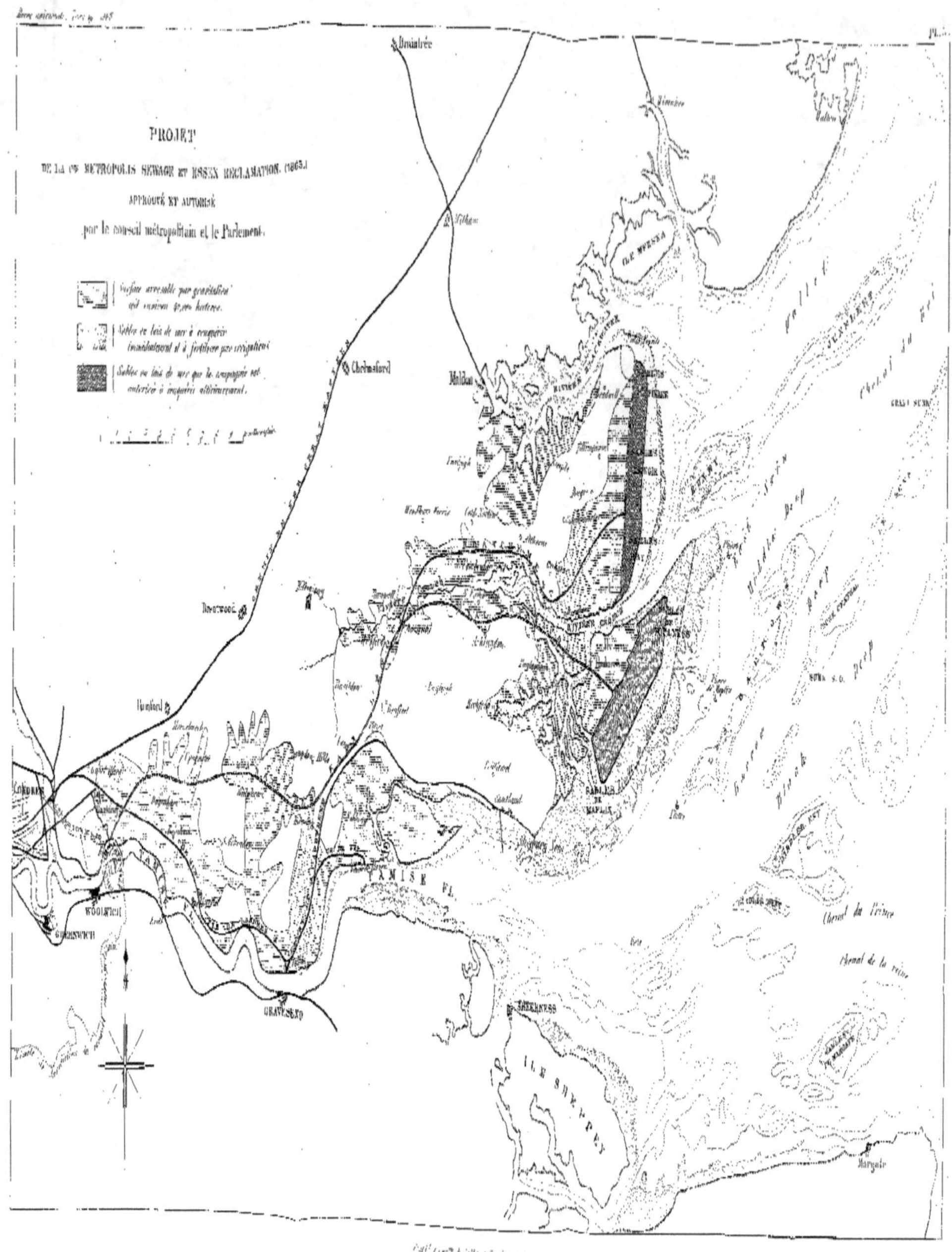

PROJET
DE LA Cie METROPOLIS SEWAGE ET ESSEX RECLAMATION. (1865.)
APPROUVÉ ET AUTORISÉ
par le conseil métropolitain et le Parlement.
Maldon
Chelmsford
Brentwood
Romford
ILE MERSEA
GRAND SWIN
THAMISE FL.
WOOLWICH
GREENWICH
GRAVESEND
SHEERNESS
ILE SHEPPEY
Chenal du Prince
Chenal de la reine
Margate